U0312233

高一必修下册

ZHONGGUO JIANZHU
DE TEZHENG

梁思成◎著

中国建筑的特征

长江出版传媒 | 长江文艺出版社

图书在版编目（ＣＩＰ）数据

中国建筑的特征 / 梁思成著.-- 武汉：长江文艺
出版社， 2020.1（2021.3 重印）
（统编高中语文教科书阅读书系）
ISBN 978-7-5702-1351-1

Ⅰ. ①中… Ⅱ. ①梁… Ⅲ. ①古建筑－中国－青少年
读物 Ⅳ. ①TU-092.2

中国版本图书馆 CIP 数据核字(2019)第 252944 号

责任编辑：秦文苑　　　　　　　　　责任校对：毛　娟
封面设计：天行云翼・宋晓亮　　　　责任印制：邱　莉　　王光兴

出版：长江出版传媒 | 长江文艺出版社
地址：武汉市雄楚大街 268 号　　　　邮编：430070
发行：长江文艺出版社
http://www.cjlap.com
印刷：长沙鸿发印务实业有限公司

开本：640 毫米×970 毫米　　　1/16　　印张：14.5　　插页：1 页
版次：2020 年 1 月第 1 版　　　　　2021 年 3 月第 2 次印刷
字数：213 千字

定价：24.00 元

目 录

中国建筑的特征①

中国的建筑体系是在世界各民族数千年文化史中一个独特的建筑体系。它是中华民族数千年来世代经验的累积所创造的。这个体系分布到很广大的地区：西起葱岭，东至日本、朝鲜，南至越南、缅甸，北至黑龙江，包括蒙古在内。这些地区的建筑和中国中心地区的建筑，或是同属于一个体系，或是大同小异，如弟兄之同属于一家的关系。

考古学家所发掘的殷代遗址证明，至迟在公元前 15 世纪，这个独特的体系已经基本上形成了，它的基本特征一直保留到了最近代。3500 年来，中国世世代代的劳动人民发展了这个体系的特长，不断地在技术上和艺术上把它提高，达到了高度水平，取得了辉煌成就。

中国建筑的基本特征可以概括为下列 9 点。

（一）个别的建筑物，一般地由 3 个主要部分构成：下部的台基，中间的房屋本身和上部翼状伸展的屋顶。

（二）在平面布置上，中国所称为一"所"房子是由若干座这种建筑物以及一些联系性的建筑物，如回廊、抱厦、厢房、耳房、过厅等等，围绕着一个或若干个庭院或天井建造而成的。在这种布置中，往往左

---

① 本文原载《建筑学报》1954 年第 1 期。

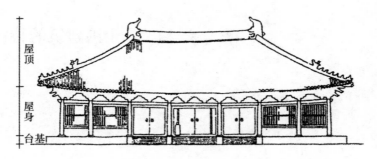

一座中国建筑物的 3 个主要部分

右均齐对称,构成显著的轴线。这同一原则,也常应用在城市规划上。主要的房屋一般地都采取向南的方向,以取得最多的阳光。这样的庭院或天井里虽然往往也种植树木花草,但主要部分一般地都有砖石墁地,成为日常生活所常用的一种户外的空间,我们也可以说它是很好的"户外起居室"。

(三)这个体系以木材结构为它的主要结构方法。这就是说,房身部分是以木材做立柱和横梁,成为一副梁架。每一副梁架有两根立柱和两层以上的横梁。每两副梁架之间用枋、檩之类的横木把它们互相牵搭起来,就成了"间"的主要构架,以承托上面的重量。

两柱之间也常用墙壁,但墙壁并不负重,只是像"帷幕"一样,用以隔断内外,或分划内部空间而已。因此,门窗的位置和处理都极自由,由全部用墙壁至全部开门窗,乃至既没有墙壁也没有门窗(如凉亭),都不妨碍负重的问题;房顶或上层楼板的重量总是由柱承担的。这种框架结构的原则直到现代的钢筋混凝土构架或钢骨架的结构才被应用,而我们中国建筑在 3000 多年前就具备了这个优点,并且恰好为中国将来的新建筑在使用新的材料与技术的问题上具备了极有利的条件。

2

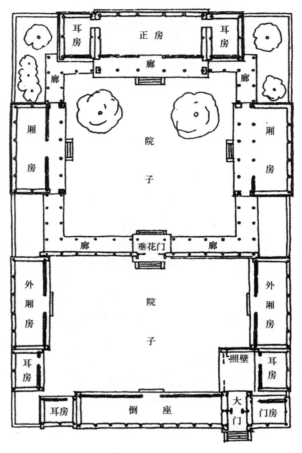

一所北京住宅的平面图

（四）斗拱：在一副梁架上，在立柱和横梁交接处，在柱头上加上一层层逐渐挑出的称作"拱"的弓形短木，两层拱之间用称作"斗"的斗形方木块垫着。这种用拱和斗综合构成的单位叫作"斗拱"。它是用以减少立柱和横梁交接处的剪力，以减少梁的折断之可能的。更早，它还是用以加固两条横木接榫的，先是用一个斗，上加一块略似拱形的"替木"。斗拱也可以由柱头挑出去承托上面其他结构，最显著的如

3

屋檐，上层楼外的"平坐"（露台），屋子内部的楼井、栏杆等。斗拱的装饰性很早就被发现，不但在木构上得到了巨大的发展，并且在砖石建筑上也充分应用，它成为中国建筑中最显著的特征之一。

（五）举折，举架：梁架上的梁是多层的；上一层总比下一层短；两层之间的矮柱（或桦墩）总是逐渐加高的。这叫作"举架"。屋顶的坡度就随着这举架，由下段的檐部缓和的坡度逐步增高为近屋脊处的陡斜，成了缓和的弯曲面。

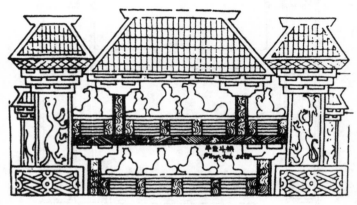

平坐斗拱

（六）屋顶在中国建筑中素来占着极其重要的位置。它的瓦面是弯曲的，已如上面所说。当屋顶是四面坡的时候，屋顶的四角也就是翘起的。它的壮丽的装饰性也很早就被发现而予以利用了。在其他体系建筑中，屋顶素来是不受重视的部分，除掉穹隆顶得到特别处理之外，一般坡顶都是草草处理，生硬无趣，甚至用女儿墙把它隐藏起来。但在中国，古代智慧的匠师们很早就发挥了屋顶部分的巨大的装饰性。在《诗经》里就有"如鸟斯革""如翚斯飞"的句子来歌颂像翼舒展的屋顶和出檐。《诗经》开了端，两汉以来许多诗词歌赋中就有更多

4

叙述屋子顶部和它的各种装饰的词句。这证明屋顶不但是几千年来广大人民所喜闻乐见的,并且是我们民族所最骄傲的成就。它的发展成为中国建筑中最主要的特征之一。

(七)大胆地用朱红作为大建筑物屋身的主要颜色,用在柱、门窗和墙壁上,并且用彩色绘画图案来装饰木构架的上部结构,如额枋、梁架、柱头和斗拱,无论外部内部都如此。在使用颜色上,中国建筑是世界各建筑体系中最大胆的。

(八)在木结构建筑中,所有构件交接的部分都大半露出,在它们外表形状上稍稍加工,使其成为建筑本身的装饰部分。例如:梁头做成"桃尖梁头"或"蚂蚱头";额枋出头做成"霸王拳";昂的下端做成"昂嘴",上端做成"六分头"或"菊花头";将几层昂的上段固定在一起的横木做成"三福云"等等;或如整组的斗拱和门窗上的刻花图案、门环、角叶,乃至如屋脊、脊吻、瓦当等都属于这一类。它们都是结构部分,经过这样的加工而取得了高度装饰的效果。

(九)在建筑材料中,大量使用有色琉璃砖瓦;尽量利用各色油漆的装饰潜力。木上刻花,石面上做装饰浮雕,砖墙上也加雕刻。这些也都是中国建筑体系的特征。

这一切特点都有一定的风格和手法,为匠师们所遵守,为人民所承认,我们可以叫它作中国建筑的"文法"。建筑和语言文字一样,一个民族总是创造出他们世世代代所喜爱、因而沿用的惯例,成了法式。在西方,希腊、罗马体系创造了它们的"五种典范"①,成为它们建筑的

---

① 所谓五种典范即通常所说的塔什干、陶立克、爱奥尼克、科林斯、混合式五种柱式。

法式。中国建筑怎样砍割并组织木材成为梁架，成为斗拱，成为一"间"，成为个别建筑物的框架，怎样用举架的公式求得屋顶的曲面和曲线轮廓；怎样结束瓦顶；怎样求得台基、台阶、栏杆的比例；怎样切削生硬的结构部分，使同时成为柔和的、曲面的、图案型的装饰物；怎样布置并联系各种不同的个别建筑，组成庭院；这都是我们建筑上两三千年沿用并发展下来的惯例法式。无论每种具体的实物怎样地千变万化，它们都遵循着那些法式。构件与构件之间，构件和它们的加工处理装饰，个别建筑物与个别建筑物之间，都有一定的处理方法和相互关系，所以我们说它是一种建筑上的"文法"。至如梁、柱、枋、檩、门、窗、墙、瓦、槛、阶、栏杆、隔扇、斗拱、正脊、垂脊、正吻、戗兽、正房、厢房、游廊、庭院、夹道等等，那就是我们建筑上的"词汇"，是构成一座或一组建筑的不可少的构件和因素。

这种"文法"有一定的拘束性，但同时也有极大的运用的灵活性，能有多样性的表现。也如同做文章一样，在文法的拘束性之下，仍可以有许多体裁，有多样性的创作，如文章之有诗、词、歌、赋、论著、散文、小说等等。建筑的"文章"也可因不同的命题，有"大文章"或"小品"。大文章如宫殿、庙宇等等；"小品"如山亭、水榭、一轩、一楼。文字上有一面横额，一副对子，纯粹作点缀装饰用的。建筑也有类似的东西，如在路的尽头的一座影壁，或横跨街中心的几座牌楼，等等。它们之所以都是中国建筑，具有共同的中国建筑的特性和特色，就是因为它们都用中国建筑的"词汇"，遵循着中国建筑的"文法"所组织起来的。运用这"文法"的规则，为了不同的需要，可以用极不相同的"词汇"构成极不相同的体形，表达极不相同的情感，解决极不相同的问题，创造极不相同的类型。

这种"词汇"和"文法"到底是什么呢？归根说来，它们是从世世代代的劳动人民在长期建筑活动的实践中所累积的经验中提炼出来的，经过千百年的考验，而普遍地受到承认而遵守的规则和惯例。它们是智慧的结晶，是劳动和创造成果的总结。它不是一人一时的创作，它是整个民族和地方的物质和精神条件下的产物。

由这"文法"和"词汇"组织而成的这种建筑形式，既经广大人民所接受，为他们所承认、所喜爱，于是原先虽是从木材结构产生的，它们很快地就越过材料的限制，同样地运用到砖石建筑上去，以表现那些建筑物的性质，表达所要表达的情感。这说明为什么在中国无数的建筑上都常常应用原来用在木材结构上的"词汇"和"文法"。这条发展的途径，中国建筑和欧洲、希腊、罗马的古典建筑体系，乃至埃及和两河流域的建筑体系是完全一样的，所不同者，是那些体系很早就舍弃了木材而完全代以砖石为主要材料。在中国，则因很早就创造了先进的科学的梁架结构法，把它发展到高度的艺术和技术水平，所以虽然也发展了砖石建筑，但木框架还同时被采用为主要结构方法。这样的框架实在为我们的新建筑的发展创造了无比的有利条件。

在这里，我打算提出一个各民族的建筑之间的"可译性"的问题。

如同语言和文学一样，为了同样的需要，为了解决同样的问题，乃至为了表达同样的情感，不同的民族，在不同的时代是可以各自用自己的"词汇"和"文法"来处理它们的。简单的如台基、栏杆、台阶等等，所要解决的问题基本上是相同的，但多少民族创造了多少形式不同的台基、栏杆和台阶。例如热河普陀拉①的一个窗子，就与无数文

---

① 热河普陀拉系指今河北省承德市普陀宗乘之庙。

艺复兴时代的窗子"内容"完全相同,但是各用不同的"词汇"和"文法",用自己的形式把这样一句"话"说出来了。又如天坛皇穹宇与罗马的布拉曼提所设计的圆亭子,虽然大小不同,基本上是同一体裁的"文章"。又如罗马的凯旋门与北京的琉璃牌楼,罗马的一些纪念柱与我们的华表,都是同一性质,同样处理的市容点缀。这许多例子说明各民族各有自己不同的建筑手法,建造出来各种各类的建筑物,就如同不同的民族有用他们不同的文字所写出来的文学作品和通俗文章一样。

我们若想用我们自己建筑上的优良传统来建造适合于今天我们新中国的建筑,我们就必须首先熟悉自己建筑上的"文法"和"词汇",否则我们是不可能写出一篇中国"文章"的。关于这方面深入一步的学习,我介绍同志们参考清《工部工程做法则例》和宋李明仲的《营造法式》。关于前书,前中国营造学社出版的《清式营造则例》可作为一部参考用书。关于后书,我们也可以从营造学社一些研究成果中得到参考的图版。

建筑⊂(社会科学∪技术科学∪美术)①

　　常常有人把建筑和土木工程混淆起来,以为凡是土木工程都是建筑。也有很多人以为建筑仅仅是一种艺术。还有一种看法说建筑是工程和艺术的结合,但把这艺术看成将工程美化的艺术,如同舞台上把一个演员化妆起来那样。这些理解都是不全面的,不正确的。

　　2000 年前,罗马的一位建筑理论家维特鲁维斯(Vitruvius)曾经指出:建筑的三要素是适用、坚固、美观。从古以来,任何人盖房子都必首先有一个明确的目的,是为了满足生产或生活中某一特定的需要。房屋必须具有与它的需要相适应的坚固性。在这两个前提下,它还必须美观。必须三者俱备,才够得上是一座好建筑。

　　适用是人类进行建筑活动和一切创造性劳动的首要要求。从单纯的适用观点来说,一件工具、器皿或者机器,例如一个能用来喝水的杯子,一台能拉 2500 吨货物、每小时跑 80 ～ 120 公里的机车,就都算满足了某一特定的需要,解决了适用的问题。但是人们对于建筑的适用的要求却是层出不穷,十分多样化而复杂的。比方说,住宅建筑应该说是建筑类型中比较简单的课题了,然而在住宅设计中,除了许多满足饮食起居等生理方面的需要外,还有许多社会性的问题。例如这个家庭的人口数和辈分(一代、两代或者三代乃至四代),子女的性别和年龄(幼年子女可以住在一起,但到了十二三岁,儿子和女儿就需要分住),往往都是在不断发展改变着。生老病死,男婚女嫁,如何使一所住宅能够适应这种不断改变着的需要,就是一个极难尽满人意的难题。又如一位大学教授的住宅就需要一间可以放很多书架的安静的书斋,而一位电焊工人就不一定有此需要。仅仅满足了吃饭、睡觉等问题,而不解决这些社会性的问题,一所住宅就不是一所适用的住宅。

至于生产性的建筑,它的适用问题主要由工艺操作过程来决定。它必须有适合于操作需要的车间;而车间与车间的关系则需要适合于工序的要求。但是既有厂房,就必有行政管理的办公楼,它们之间必然有一定的联系。办公楼里面,又必然要按企业机构的组织形式和行政管理系统安排各种房间。既有工厂,就有工人、职员,就必须建造职工住宅(往往是成千上万的工人),形成成街成坊成片的住宅区。既有成千上万的工人,就必然有各种人数、辈分、年龄不同的家庭结构。既有住宅区,就必然有各种商店、服务业、医疗、文娱、学校、幼托机构等等的配套问题。当一系列这类问题提到设计任务书上来的时候,一个建筑设计人员就不得不做一番社会调查研究的工作了。

推而广之,当成千上万座房屋聚集在一起而形成一个城市的时候,从一个城市的角度来说,就必须合理布置全市的工业企业、各级行政机构,以及全市居住、服务、教育、文娱、医卫、供应等等建筑。还有由于解决这千千万万的建筑之间的交通运输的街道系统和市政建设等问题,以及城市街道与市际交通的铁路、公路、水路、空运等衔接联系的问题。这一切都必须全面综合地予以考虑，并且还要考虑到城市在今后 10 年、20 年乃至四五十年间的发展。这样，建筑工作就必须根据国家的社会制度、国民经济发展的计划，结合本城市的自然环境——地理、地形、地质、水文、气候等和整个城市人口的社会分析来进行工作。这时候，建筑师就必须在一定程度上成为一位社会科学（包括政治经济学）家了。

一个建筑师解决这些问题的手段就是他所掌握的科学技术。对一座建筑来说，当他全面综合地研究了一座建筑物各方面的需要和它的自然环境和社会环境（在城市中什么地区，左邻右舍是些什么房屋）之后，他就按照他所能掌握的资金和材料，确定一座建筑物内部各个房间的面积、体积，予以合理安排。不言而喻，各个房间与房间之间，分隔与联系之间，都是充满了矛盾的。他必须求得矛盾的统一，使整座建筑能最大限度地满足适用的要求，提出设计方案。

其次，方案必须经过结构设计，用各种材料建成一座座具体的建筑物。这项工作，在古代是比较简单的。从上古到 19 世纪中叶，人类所掌握的建筑材料无非就是砖、瓦、木、灰、砂、石。房屋本身也仅仅是一个"上栋下宇，以蔽风雨"的"壳子"。建筑工种主要也只有木工、泥瓦工、石工 3 种。但是今天情形就大不相同了。除了砖、瓦、木、灰、砂、石之外，我们已经有了钢铁、钢筋混凝土、各种合金，乃至各种胶合料、塑料等等新的建筑材料，以及与之同来的新结构、新技术。而建筑物本身内部还多出了许多"五脏六腑，筋络管道"，有"血脉"，有"气管"，有"神经"，有"小肠""大肠"等等。它的内部机电设备——采暖、通风、给水、排水、电灯、电话、电梯、空气调节（冷风、热风）、扩音系统等等，都各是一门专门的技术科学，各有其工种，各有其管道线路系统。它们之间又是充满了矛盾的。这一切都必须各得其所地妥善安排起来。今天的建筑工作的复杂性绝不是古代的匠师们所能想象的。但是我们必须运用这一切才能满足越来越多、越来越高的各种适用上的要求。

因此,建筑是一门技术科学——更准确地说,是许多门技术科学的综合产物。这些问题都必须全面综合地从工程、技术上予以解决。打个比喻,建筑师的工作就和作战时的参谋本部的工作有点类似。

到这里,他的工作还没有完。一座房屋既然建造起来,就是一个有体有形的东西,因而就必然有一个美观的问题。它的美观问题是客观存在的。因此,人们对建筑就必然有一个美的要求。事实是,在人们进入一座房屋之前,在他意识到它适用与否之前,他的第一个印象就是它的外表的形象:美或丑。这和我们第一次认识一个生人的观感的过程是类似的。但是,一个人是活的,除去他的姿容、服饰之外,更重要的还有他的品质、性格、风格等。他可以其貌不扬、不修边幅而无损于他的内在的美。但一座建筑物却不同,尽管它既适用又坚固,人们却还要求它是美丽的。

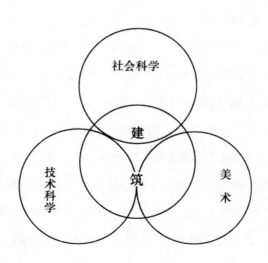

因此，一个建筑师必须同时是一个美术家。因此，建筑创作的过程，除了要从社会科学的角度分析并认识适用的问题，用技术科学来坚固、经济地实现一座座建筑以解决这适用的问题外，还必须同时从艺术的角度解决美观的问题。这也是一个艺术创作的过程。

必须明确，这3个问题不是应该分别各个孤立地考虑解决的，而是应该从一开始就综合考虑的。同时也必须明确，适用和坚固、经济的问题是主要的，而美观是从属的、派生的。

从学科的配合来看，我们可以得出这样一个公式：建筑⊂（社会科学∪技术科学∪美术）。也可以用上述图表达出来。这就是我对党的建筑方针——适用、经济，在可能条件下注意美观——如何具体化的学科分析。

附注：关于建筑的艺术问题，请参阅 1961 年 7 月 26 日《人民日报》拙著。

建筑是什么[①]

在讲为什么我们要保存过去时代里所创造的一些建筑物之前,先要明了:建筑是什么?

最简单地说,建筑就是人类盖的房子,为了解决他们生活上"住"的问题。那就是:解决他们安全食宿的地方,生产工作的地方和娱乐休息的地方。"衣、食、住"自古是相提并论的,因为它们都是人类生活最基本的需要。为了这需要,人类才不断和自然做斗争。自古以来,为了安定的起居,为了便利的生产,在劳动创造中人们就也创造了房子。在文化高度发展的时代,要进行大规模的经济建设和文化建设,或加强国防,我们仍然都要先建筑很多为那些建设使用的房屋,然后才能进行其他工作。我们今天称它为"基本建设",这个名称就恰当的表示房屋的性质是一切建设的最基本的部分。

人类在劳动中不断创造新的经验,新的成果,由文明曙光时代开始在建筑方面的努力和其他生产的技术的发展总是平行并进的,和互相影响的。人们积累了数千年建造的经验,不断地在实践中,把建筑

[①] 本文与其后的《中国建筑的类型》《中国体系的建筑》均为《中国古代建筑史绪论》的节选,题目为编者所加。《绪论》一文原刊于《文物参考资料》1953年第3期,为梁思成在考古工作人员训练班上的讲演,由林徽因整理。

的技能和艺术提高,例如:了解木材的性能,泥土沙石在化学方面的变化,在思想方面的丰富和对造型艺术方面的熟练,因而形成一种最高度综合性的创造。古文献记载:"上古穴居野处,后世圣人易之以宫室,上栋下宇以蔽风雨"。从穴居到木构的建筑就是经过长期的努力,增加了经验,丰富了知识而来。所以:

一、建筑是人类在生产活动中克服自然,改变自然的斗争的记录。这个建筑活动就必定包括人类掌握自然规律,发展自然科学的过程。在建造各种类型的房屋的实践中,人类认识了各种木材、石头、泥沙的性能,那就是这些材料在一定的结构情形下的物理规律,这样就掌握了最原始的材料力学。知道在什么位置上使用多大或多小的材料,怎样去处理它们间的互相联系,就掌握了最简单的土木工程学。其次,人们又发现了某一些天然材料——特别是泥土与石沙等——在一定的条件下的化学规律,如经过水搅、火烧等,因此很早就发明了最基本的人工的建筑材料,如砖,如石灰,如灰浆等。发展到了近代,便包括了今天的玻璃、五金、水泥、钢筋和人造木等等,发展了化工的建筑材料工业。所以建筑工程学也就是自然科学的一个部门。

二、建筑又是艺术创造。人类对他们所使用的生产工具、衣服、器皿、武器等,从石器时代的遗物中我们就可看出,在这些实用器物的实用要求之外,总要有某种加工,以满足美的要求,也就是文化的要求,在住屋也是一样。从古至今,人类在住屋上总是或多或少地下过功夫,以求造型上的美观。例如:自有史以来无数的民族,在不同的地方,不同的时代,同时在建筑艺术上,是继续不断地各自努力,从没有停止过的。

三、建筑活动也反映当时的社会生活和当时的政治经济制度。如宫殿、庙宇、民居、仓库、城墙、堡垒、作坊、农舍,有的是直接为生产服务,有的是被统治阶级利用以巩固政权,有的被他们独占享受。如古代的奴隶主可以奴役数万人为他建筑高大的建筑物,以显示他的权威,坚固的防御建筑,以保护他的财产,古代的高坛、大台、陵墓都属于这种性质。在早期封建社会时代,如:吴王夫差"高其台榭以鸣得意",或晋平公"铜鞮之宫数里",汉初刘邦做了皇帝,萧何营未央宫,就明明白白地说:"天子以四海为家,非令壮丽无以重威",从这些例子就可以反映出当时的封建霸主剥削人民的财富,奴役人民的劳力,以增加他的威风的情形。在封建时代建筑的精华是集中在宫殿建筑和宗教建筑等等之上,它是为统治阶级所利用以作为压迫人民的工具的;而在新民主主义和社会主义的人民政权时代,建筑就是为维护广大人民群众的利益和美好的生活而服务。

四、不同的民族的衣食、工具、器物、家具,都有不同的民族性格或民族特征。数千年来,每一民族,每一时代,在一定的自然环境和社会环境中,积累了世代的经验,都创造出自己的形式,各有其特征,建筑也是一样的。在器物等方面,人们在科学方面采用了他们当时当地认为最方便最合用的材料,根据他们所能掌握的方法加以合理的处理成为习惯的手法,同时又在艺术方面加工做出他们认为最美观的纹样、体形和颜色,因而形成了普遍于一个地区一个民族的典型的范例,就成了那民族在工艺上的特征,成为那民族的民族形式。建筑也是一样。每个民族虽然在各个不同的时代里,所创造出的器物和建筑都不一样,但在同一个民族里,每个时代的特征总是一部分继续着前个时代的特征,另一部分发展着新生的方向,虽有变化而总是继承许多传统的特质,所以无论是哪一种工艺,包括建筑,不论属于什么时代,总

16

是有它的一贯的民族精神的。

五、建筑是人类一切造形创造中最庞大最复杂也最耐久的一类，所以它所代表的民族思想和艺术，更显著更多面也更重要。

从体积上看，人类创造的东西没有比建筑在体积上更大的了。古代的大工程如秦始皇时所建的阿房宫，"前殿阿房，东西五百步，南北五十丈，上可以坐万人，下可以建五丈旗"。记载数字虽不完全可靠，体积的庞大必无可疑。又如埃及金字塔高四百八十九英尺，屹立沙漠中遥远可见。我们祖国的万里长城绵亘二千三百余公里，在地球上大约是一件最显著的东西。

从数量上说，有人的地方就必会有建筑物。人类聚居密度愈大的地方，建筑就愈多，它的类型也愈多变化，合起来就成为城市。世界上没有其他东西改变自然的面貌如建筑这么厉害。在这大数量的建筑物上所表现的历史艺术意义方面最多也就最为丰富。

从耐久性上说，建筑因是建造在土地上的，体积大，要承托很大的重量，建造起来不是易事，能将它建造起来总是付出很大的劳动力和物资财力的。所以一旦建筑成功，人们就不愿轻易移动或拆除它，因此被使用的期限总是尽可能地延长。能抵御自然侵蚀，又不受人为破坏的建筑物，便能长久地被保存下来，成为罕贵的历史文物，成为各时代劳动人民创造力量，创造技术的真实证据。

六、从建筑上可以反映建造它的时代和地方的多方面的生活状况，政治和经济制度，在文化方面，建筑也有最高度的代表性。例如封建时期各国的巍峨的宫殿，坚强的堡垒，不同程度的资本主义社会里的拥挤的工业区和紊乱的商业街市。中国过去的半殖民地半封建时期的通商口岸，充满西式的租界街市，和半西不中的中国买办势力地区内的各种建筑，都反映着当时的经济政治情况，也是显示帝国主义文化入侵中国的最真切的证据。

以上六点，不但说明建筑是什么，同时也说明了它是各民族文化的一种重要的代表。从考古角度考虑各个时代的建筑问题时，实物得到保存，就意味着各时代所产生过的文化证据之得到保存。

为什么研究中国建筑

　　研究中国建筑可以说是逆时代的工作。近年来中国生活在剧烈的变化中趋向西化,社会对于中国固有的建筑及其附艺多加以普遍的摧残。虽然对于新输入之西方工艺的鉴别还没有标准,对于本国的旧工艺,已怀鄙弃厌恶心理。自"西式楼房"盛行于通商大埠以来,豪富商贾及中产之家无不深爱新异,以中国原有建筑为陈腐。他们虽不是蓄意将中国建筑完全毁灭,而在事实上,国内原有很精美的建筑物多被拙劣幼稚的,所谓西式楼房或门面,取而代之。主要城市今日已拆改逾半,芜杂可哂,充满非艺术之建筑。纯中国式之秀美或壮伟的旧市容,或破坏无遗,或仅余大略,市民毫不觉可惜。雄峙已数百年的古建筑 Historical landmark,充沛艺术特殊趣味的街市 Local colar,为一民族文化之显著表现者,亦常在"改善"的旗帜之下完全牺牲。近如去年甘肃某县为扩宽街道,"整顿"市容,本不需拆除无数刻工精美的特殊市屋门楼,而负责者竟悉数加以摧毁,便是一例。这与在战争炮火下被毁者同样令人伤心,国人多熟视无睹。盖这种破坏,三十余年来已成为习惯也。

　　市政上的发展,建筑物之新陈代谢本是不可免的事。但即在抗战

之前,中国旧有建筑荒顿破坏之范围及速率,亦有甚于正常的趋势。这现象有三个明显的原因:

一、在经济力量之凋敝,许多寺观衙署,已归官有者,地方任其自然倾圮,无力保护;

二、在艺术标准之一时失掉指南,公私宅第园馆街楼,自西艺浸入后忽被轻视,拆毁剧烈;

三、缺乏视建筑为文物遗产之认识,官民均少爱护旧建的热心。

在此时期中,也许没有力量能及时阻挡这破坏旧建的狂潮。在新建设方面,艺术的进步也还有培养知识及技术的时间问题。一切时代趋势是历史因果,似乎含着不可免的因素。幸而同在这时代中,我国也产生了民族文化的自觉,搜集实物,考证过往,已是现代的治学精神,在传统的血流中另求新的发展,也成为今日应有的努力。中国建筑既是延续了两千余年的一种工程技术,本身已造成一个艺术系统,许多建筑物便是我们文化的表现,艺术的大宗遗产。除非我们不知尊重这古国灿烂文化,如果有复兴国家民族的决心,对我国历代文物,加以认真整理及保护时,我们便不能忽略中国建筑的研究。

以客观的学术调查与研究唤醒社会,助长保存趋势,即使破坏不能完全制止,亦可逐渐减少。这工作即使为逆时代的力量,它却与在大火之中抢救宝器名画同样有急不容缓的性质。这是珍护我国可贵文物的一种神圣义务。

中国金石书画素得士大夫之重视。各朝代对它们的爱护欣赏,并不在于文章诗词之下,实为吾国文化精神悠久不断之原因。独是建筑,数千年来,完全在技工匠师之手。其艺术表现大多数是不自觉的师承及演变之结果。这个同欧洲文艺复兴以前的建筑情形相似。这些无名匠师，虽在实物上为世界留下许多伟大奇迹，在理论上却未为自己或其创造留下解析或夸耀。因此一个时代过去，另一时代继起，多因主观上失掉兴趣，便将前代伟创加以摧毁，或同于摧毁之改造。亦因此，我国各代素无客观鉴赏前人建筑的习惯。在隋唐建设之际，没有对秦汉旧物加以重视或保护。北宋之对唐建，明清之对宋元遗构，亦并未知爱惜。重修古建，均以本时代手法，擅易其形式内容，不为古物原来面目着想。寺观均在名义上，保留其创始时代，其中殿宇实物，则多任意改观。这倾向与书画仿古之风大不相同，实足注意。自清末以后突来西式建筑之风，不但古物寿命更无保障，连整个城市，都受打击了。

如果世界上艺术精华，没有客观价值标准来保护，恐怕十之八九均会被后人在权势易主之时，或趣味改向之时，毁损无余。在欧美，古建实行的保存是比较晚近的进步。十九世纪以前，古代艺术的破坏，也是常事。幸存的多赖偶然的命运或工料之坚固。十九世纪中，艺术考古之风大炽，对任何时代及民族的艺术才有客观价值的研讨。保存古物之觉悟即由此而生。即如此次大战，盟国前线部队多附有专家，随军担任保护沦陷区或敌国古建筑之责。我国现时尚在毁弃旧物动态中，自然还未到他们冷静回顾的阶段。保护国内建筑及其附艺，如雕刻壁画均须萌芽于社会人士客观的鉴赏，所以艺术研究是必不可少的。

今日中国保存古建之外，更重要的还有将来复兴建筑的创造问题。欣赏鉴别以往的艺术与发展将来创造之间，关系若何我们尤不宜忽视。

西洋各国在文艺复兴以后，对于建筑早已超出中古匠人不自觉的创造阶段。他们研究建筑历史及理论，作为建筑艺术的基础。各国创立实地调查学院，他们颁发研究建筑的旅行奖金，他们有美术馆博物院的设备，又保护历史性的建筑物任人参观，派专家负责整理修葺。所以西洋近代建筑创造，同他们其他艺术，如雕刻，绘画，音乐或文学并无二致，都是合理的，理解与经验，而加以新的理想，做新的表现的。

我国今后新表现的趋势又若何呢？

艺术创造不能完全脱离以往的传统基础而独立。这在注重画学的中国应该用不着解释。能发挥新创都是受过传统熏陶的。即使突然接受一种崭新的形式，根据外来思想的影响，也仍然能表现本国精神。如南北朝的佛教雕刻，或唐宋的寺塔，都起源于印度，非中国本有的观念，但结果仍以中国风格造成成熟的中国特有艺术，驰名世界。艺术的进境是基于丰富的遗产上，今后的中国建筑自亦不能例外。

无疑的将来中国将大量采用西洋现代建筑材料与技术。如何发扬光大我民族建筑技艺之特点，在以往都是无名匠师不自觉的贡献，今后却要成近代建筑师的责任了。如何接受新科学的材料方法而仍能表现中国特有的作风及意义，老树上发出新枝，则真是问题了。

欧美建筑以前有"古典"及"派别"的约束，现在因科学结构，又成新的姿态，但它们都是西洋系统的嫡裔。这种种建筑同各国多数城市环境毫不抵触。大量移植到中国来，在旧式城市中本来是过分唐突，今后又是否让其喧宾夺主，使所有中国城市都不留旧观？这问题可以设法解决，亦可以逃避。到现在为止，中国城市多在无知匠人手中改观。故一向的趋势是不顾历史及艺术的价值，舍去固有风格及固有建筑，成了不中不西乃至于滑稽的局面。

一个东方老国的城市，在建筑上，如果完全失掉自己的艺术特性，在文化表现及观瞻方面都是大可痛心的。因这事实明显的代表着我们文化衰落，至于消灭的现象。四十年来，几个通商大埠，如上海天津广州汉口等，曾不断的模仿欧美次等商业城市，实在是反映着外人经济侵略时期。大部分建设本是属于租界里外国人的，中国市民只随声附和而已。这种建筑当然不含有丝毫中国复兴精神之迹象。

今后为适应科学动向，我们在建筑上虽仍同样的必须采用西洋方法，但一切为自觉的建设。由有学识，有专门技术的建筑师，担任指导，则在科学结构上有若干属于艺术范围的处置必有一种特殊的表现。为着中国精神的复兴，他们会作美感同智力参合的努力。这种创造的火炬已曾在抗战前燃起，所谓"宫殿式"新建筑就是一例。

但因为最近建筑工程的进步，在最清醒的建筑理论立场上看来，"宫殿式"的结构已不合于近代科学及艺术的理想。"宫殿式"的产生是由于欣赏中国建筑的外貌。建筑师想保留壮丽的琉璃屋瓦，更以新材料及技术将中国大殿轮廓约略模仿出来。在形式上它模仿清代官衙，在结构及平面上它又仿西洋古典派的普通组织。在细项上窗子的比例多半属于西洋系统，大门栏杆又多模仿国粹。它是东西制度勉强的凑合，这两制度又大都属于过去的时代。它最像欧美所曾盛行的"仿古"建筑 Period architecture。因为靡费侈大，它不常适用于中国一般经济情形，所以也不能普遍。有一些"宫殿式"的尝试，在艺术上的失败可拿文章作比喻。它们犯的是堆砌文字，抄袭章句，整篇结构不出于自然，辞藻也欠雅驯。但这种努力是中国精神的抬头，实有无穷意义。

世界建筑工程对于钢铁及化学材料之结构愈有彻底的了解，近来应用愈趋简洁。形式为部署逻辑，部署又为实际问题最美最善的答案,已为建筑艺术的抽象理想。今后我们自不能同这理想背道而驰。我们还要进一步重新检讨过去建筑结构上的逻辑;如同致力于新文学的人还要明了文言的结构文法一样。表现中国精神的途径尚有许多,"宫殿式"只是其中之一而已。

要能提炼旧建筑中所包含的中国质素,我们需增加对旧建筑结构系统及平面部署的认识。构架的纵横承托或联络,常是有机的组织,附带着才是轮廓的钝锐,彩画雕饰及门窗细项的分配诸点。这些工程上及美术上措施常表现着中国的智慧及美感,值得我们研究。许多平面部署,大的到一城一市,小的到一宅一园,都是我们生活思想的答案,值得我们重新剖视。我们有传统习惯和趣味:家庭组织,生活程度,工作,游息以及烹饪,缝纫,室内的书画陈设,室外的庭院花木,都不与西人相同。这一切表现的总表现曾是我们的建筑。现在我们不必削足就履,将生活来将就欧美的部署,或张冠李戴,颠倒欧美建筑的作用。我们要创造适合于自己的建筑。

在城市街心如能保存古老堂皇的楼宇,夹道的树荫,衙署的前庭或优美的牌坊,比较用洋灰建造卑小简陋的外国式喷水池或纪念碑实在合乎中国的身份,壮美得多。且那些仿制的洋式点缀,同欧美大理石富于"雕刻美"的市中心建置相较起来,太像东施效颦,有伤尊严。因为一切有传统的精神,欧美街心伟大石造的纪念性雕刻物是由希腊而罗马而文艺复兴延续下来的血统,魄力极为雄厚,造诣极高,不是我们一朝一夕所能望其项背的。我们的建筑师在这方面所需要的是参考我们自己艺术藏库中的遗宝。我们应该研究汉阙,南北朝的石刻,唐宋的经幢,明清的牌楼,以及零星碑亭,泮池,影壁,石桥,华表的部署及雕刻,加以聪明的应用。

艺术研究可以培养美感,用此驾驭材料,不论是木材,石块,化学混合物,或钢铁,都同样的可能创造有特殊富于风格趣味的建筑。世界各国在最新法结构原则下造成所谓"国际式"建筑;但每个国家民族仍有不同的表现。英、美、苏、法、荷、比、北欧或日本都曾造成他们本国特殊作风,适宜于他们个别的环境及意趣。以我国艺术背景的丰富,当然有更多可以发展的方面。新中国建筑及城市设计不但可能产生,且当有惊人的成绩。

在这样的期待中,我们所应做准备的当然是尽量搜集及整理值得参考的资料。

1946 年在美国耶鲁大学讲学

以测量绘图摄影各法将各种典型建筑实物作有系统秩序的记录是必须速做的。因为古物的命运在危险中，调查同破坏力量正好像在竞赛。多多采访实例，一方面可以作学术的研究，一方面也可以促社会保护。研究中还有一步不可少的工作，便是明了传统营造技术上的法则。这好比是在欣赏一国的文学之前，先学会那一国的文字及其文法结构一样需要。所以中国现存仅有的几部术书，如宋李诫《营造法式》《清工部工程做法则例》，乃至坊间通行的鲁班经等等，都必须有人能明晰的用现代图解译释内中工程的要素及名称，给许多研究者以方便。研究实物的主要目的则是分析及比较冷静的探讨其工程艺术的价值，与历代作风手法的演变。知己知彼，温故知新，已有科学技术的建筑师增加了本国的学识及趣味，他们的创造力量自然会在不自觉中雄厚起来。这便是研究中国建筑的最大意义。

中国建筑的类型

其次,我们要了解中国建筑有哪一些类型。

一、民居和象征政权的大建筑群,如衙署、府邸、宫殿,这些,基本上是同一类型,只有大小繁简之分。应该注意的是它们的历史和艺术的价值,绝不在其大小繁简,而是在它们的年代、材料和做法上。

二、宗教建筑。本来佛教初来的时候,隋、唐都有"舍宅为寺"的风气,各种寺院和衙署、府邸没有大分别,但积渐有了宗教上的需要,和僧侣生活上的需要,而产生各种佛教寺院内的部署和体型,内中以佛塔为最突出。其他如道观,回教的清真寺和基督教的礼拜堂等,都各有他们的典型特征,和个别变化,不但反映历史上种种事实应予以注意,且有高度艺术上成就,有永久保存的价值。例如:各处充满雕刻和壁画的石窟寺,就有极高的艺术价值,又如前据报告,中国仅存的一个景教的景堂,就有极高的历史价值。此外中国无数的宝塔都是我们艺术的珍物。

三、园林及其中附属建筑。园林的布局曲折上下,有山有水,衬以适当的怡神养性,感召精神的美丽建筑,是中国劳动人民所创造的辉煌艺术之一。北京城内的北海,城郊的颐和园、玉泉山、香山等原来的宫苑和长江以南苏州、无锡、杭州各地过去的私家园林,都是艺术杰作,有无比的历史和艺术价值。

四、桥梁和水利工程。我国过去的劳动人民有极丰富的造桥经验,著名的赵州大石桥和卢沟桥等是人人都知道的伟大工程,而且也是艺术杰作。西南诸省有许多铁索桥,还有竹索桥,此外全国各地布满了大大小小的木桥和石桥,建造方法各个不同。在水利工程方面,如四川灌县的都江堰,云南昆明的松花坝,都是令人叹服的古代工程。在桥和坝两方面,国内的实物就有很多是表现出我国劳动人民伟大的智慧,有极高的文物价值的。

五、陵墓。历代封建帝王和贵族所建造的坟墓都是规模宏大,内中用很坚固的工程和很丰富的装饰的。它们也反映出那个时代的工艺美术,和工程技术的种种方面,所以也是重要的历史文物和艺术特征的参考资料。墓外前面大多有附属的点缀,如华表、祭堂、小祠、石阙等。著名的如山东嘉祥的武梁石祠,四川渠县和绵阳,河南嵩山,西康雅安等地方都有不少石阙,寻常称"汉阙",是在建筑上有高度艺术性的石造建筑物。并且上面还包含一些浮雕石刻,是当时的重要艺术表现。四川有许多地方有汉代遗留下来的崖墓,立在崖边,墓口如石窟寺的洞口,内部有些石刻的建筑部分,如有斗拱的石柱等,也是研究古代建筑的难得资料。

六、防御工程。防御工程的目的在于防御,所以工程非常硕大坚固,自成一种类型,有它的特殊的雄劲的风格。如我们的万里长城,高低起伏地延伸到二千三百余公里,它绝不是一堆无意义的砖石,而是过去人类一种伟大的创作,有高度的工程造诣,有它的特殊严肃的艺术性的,无论近代的什么人见到它,都不可能不肃然起敬,就证明这一点了。如北京、西安的城,都有重大历史意义,也都是伟大的艺术创作。在它们淳朴雄厚的城墙之上，巍然高峙的宏大城楼，构成了全城风光所系的突出点，从近处瞻望它们能引起无限美感，使人们发生对过去劳动人民的热爱和景仰，产生极大的精神作用。

七、市街点缀。在中国城市街道上有许多美化那个地区的装饰性的建筑物，如钟楼、鼓楼，各种牌坊、街楼，大建筑物前面的辕门和影壁等。这些建筑物本来都是朴实的有用的型类，但却被封建时代的意识所采用，为迷信的因素服务，也为反动的道德标准如贞节观念、光荣门第等观念服务。但在原来用途上，如牌坊就本是各民坊入口的标识，辕门也是一个区域的界限，钟楼、鼓楼虽为了警告时间，但常常是市中心标识，所以都是需要艺术的塑形的。在中国各城市中这些建筑物多半发展出高度艺术性的形象，成了街市中美丽的点缀，为了它们的艺术价值，这些建筑物是应保存与慎重处理的。

八、建筑的附属艺术，如壁画、彩画、雕刻、华表、狮子、石碑、宗教道具等等，往往是和建筑分不开的。在记录或保管某个建筑物时，都要适当地注意到它的周围这些附属艺术品的地位和价值。有时它们只是历史资料，但很多例子它们本身都是艺术精品。

九、城市的总体形和总布局。中国城市常是极有计划的城市，按照地形和历史的条件灵活地处理。街道的分布，大建筑物的耸立与衬托，市楼、公共场所、桥头、市中心和湖沼、堤岸等等，常常是雄伟壮丽富于艺术性的安排，所形成的景物气氛给人以难忘的印象。在注意建筑文物的同时，对城市布局方面也应该注意有计划或有意识的进行摄影、测绘，以显示它们的特色。尤其是今天中国的城市都在发展中，对原有的在优良秩序基础上形成的某一城、某一市的特殊风格，都应予以特别重视，以配合新的发展方向。

中国体系的建筑

　　单单认识祖国各种建筑的型类，每种或每个地去欣赏它的艺术，估计它的历史价值，是不够的。考古工作者既有保管和研究文物建筑的任务，他们就必须先有一个建筑发展史的最低限度的知识。中国体系的建筑是怎样发展起来的呢？它是随着中国社会的发展而发展的。它是以各时代的一定的社会经济作基础的，既和当时的社会的生产力和生产关系分不开，也和当时占统治地位的世界观，也就是当时的人所接受所承认的思想意识分不开的。

　　试就中国历史的几个主要阶段和它当时的建筑分别作一讲述。例如：

　　一、商、殷、周到春秋战国；

　　二、秦、汉到三国；

　　三、晋、魏、六朝；

　　四、隋、唐到五代；

　　五、辽、宋到金、元；

　　六、明、清两朝。

　　第一阶段：商殷、周、春秋战国。商殷是奴隶社会时代，周初到春秋战国虽然已经有封建社会制度的特征,但基本上奴隶制度仍然存在,农奴和俘虏仍然是封建主的奴隶。奴隶主和封建初期的王侯,都拥有一切财富:他们的财产包括为他们劳动的人民——奴隶和俘虏。什么帝,什么王都迫使这些人民为他们建造他们所需要的建筑物。他们所需要的建筑是怎样的呢? 多半是利用很多奴隶的劳动力筑起有庞大体积的建筑物。例如:因为他们要利用鬼神来迷惑为他们服劳役的人民,所以就要筑起祭祀用的神坛;因为他们时常出去狩猎,就要建造登高远望的高台;他们生前要给自己兴盖特别尊贵高大的房子,所谓"治宫室"以显示他们的统治地位;死后一定要挖个极为奢侈坚固的地窖,所谓"造陵墓",好保存他们的尸体,并且把生前的许多财物也陪葬在里面,以满足他们死后仍能占有财产的观念。他们需要防御和他们敌对的民族或部落,他们就需要防御用的堡垒、城垣和烽火台。虽然在殷的时代宫殿的结构还是很简单的,但比起更简单而原始的穴居时代和初有木构的时代,当然已有了极大的进步。到了周初,建筑工程的技术又进了一步。《诗经》上描写周初召来"司空""司徒",证明也有了管工程的人,有了某种工程上的组织来进行建筑活动,所谓"营国筑室"也就是有计划地来建造一种城市。所谓"作庙翼翼",立"皋门""应门"等等,显然是对建筑物的结构、形状、类型和位置,都作了艺术性的处理。

到了春秋和战国时期,不但生产力提高,同时生产关系又有了若干转变。那时已有小农商贾,从事工艺的匠人也不全是以奴隶身份来工作的,一部分人民都从事各种手工业生产,墨子就是一个。又如记载上说"公输子之巧",传说鲁班是木工中最巧的匠人,还可以证明当时个别熟练匠人虽仍是被剥削的劳动人民,但却因为他的"巧"而被一般人民所重视。在建筑上七国的燕、赵、楚、秦的封建主都是很奢侈的。所谓"高台榭""美宫室"的作风都很盛。依据记载,有人看见秦的宫室之后说:"使鬼为之,则劳神矣,使人为之,亦苦民矣。"这样的话,我们可以推断当时建筑技术必是比以前更进步的,同时仍然是要用许多人工的。

第二阶段:秦汉到三国。秦统一中国,秦始皇的建筑活动常见于记载,是很突出的,并且规模都极大。如:筑长城,铺驰道等。他还模仿各种不同的宫殿,造在咸阳北陂上,先有宫室一百多处,还嫌不足,又建有名的阿房宫。宫的前殿据说是"东西五百步,南北五十丈,上可坐万人,下可立五丈旗",当然规模宏大。秦始皇还驱使工匠们营造他的庞大而复杂的坟墓。在工程和建筑艺术方面,人民为建造这些建筑物而发挥自己的智慧中,必定又创造了许多新的经验。但统治者的剥削享乐和豪强兼并,土地集中在少数人手中,引起农民大反抗。秦末汉初,农民纷纷起义,项羽打到咸阳时,就放火烧掉秦宫殿,火三月而不灭。在建筑上,人民的财富和技术的精华常常被认为是代表统治者的贪心和残酷的东西,在斗争中被毁灭了去,项羽烧秦宫室便是个最早最典型的例子。

汉初,刘邦取得胜利又统一了中国之后,仍然用封建制度,自居于统治地位。他的子孙一代代由西汉到东汉又都是很奢侈的帝王,不断为自己建造宫殿和离宫别馆。据汉史记载:汉都长安城中的大宫,就有有名的未央宫、长乐宫、建章宫、北宫、桂宫和明光宫等,都是庞大无比的建筑。在两汉文学作品中更有许多关于建筑的描写,歌颂当时的建筑上的艺术和它们华丽丰富的形象的。例如:有名的鲁灵光殿赋、两都赋、两京赋等等。在实物上,今天还存在着汉墓前面的所谓"石阙""石祠",在祠坛上有石刻壁画(在四川、山东和河南省都有),还有在悬立的石崖上凿出的"崖墓"。此外还有殉葬用的"明器"(它们中很多是陶制的各种房屋模型),和墓中有花纹图案的大空心砖块和砖柱。所以对于汉代建筑的真实形象和细部手法,我们在今天还可以看出一个梗概来。汉代的工商业兴盛,人口增加,又开拓疆土,向外贸易,发展了灿烂的早期封建文化;大都市布满全国,只是因为皇帝、贵族、官僚、地主、商人和豪强都一齐向农民和手工业工人进行剥削和超经济的暴力压榨。汉末,经过长时期的破坏,饥民起义和军阀割据的互相残杀到了可怕的程度,最富庶的地方,都遭到剧烈的破坏,两京周围几百里彻底的被毁灭了,黄河人口集中的地区竟是"千里无人烟"或到了"人相食"的地步。汉建筑的精华和全面的形象所达到的水平,绝不是今天这一点剩余的实物所能够代表的。我们所了解的汉代建筑,仍然是极少的。

由三国或晋初的遗物上看来,汉末已成熟的文化艺术,虽经浩劫,一些主要传统和特征仍然延续留传下来。所谓三国,在地区上除却魏在华北外,中国文化中心已分布在东南沿长江的吴和在西南四川山岳地带盆地中的蜀,汉代建筑和各种工艺是在很不同的情形下得到保存或发展的。长安、洛阳两都的原有精华,却是被破坏无遗。但在战争中人民虽已穷困,统治者匆匆忙忙地却还不时兴工建造一些台榭取乐,曹操的铜雀台,就是有名的例子。在艺术上,三国时代基本上还是汉风的尾声。

第三阶段:晋魏六朝。汉的文化艺术经过大劫延续到了晋初,因为逐渐有由西域进入的外来影响,艺术作风上产生了很多新的因素。在成熟的汉的手法上,发展了比较和缓而极丰富的变化。但是到了北魏,经过中间五代十国大混乱时期,北方少数民族入主中原,占据统治地位,并且带来大量的和中国文化不同体系的艺术影响,中国的工艺和建筑活动,便突然起了更大的变化。石虎和赫连勃勃两个北方民族的统治者进入中国之后,都大建宫殿,这些建筑,只见于文献记载,没有实物作证,形式手法到底如何,不得而知。我们可以推想木构的建筑,变化很小,当时的技术,工人基本是汉族人民,但用石料刻莲花建浴室等,有很多是外来影响。北魏的统治者是鲜卑族,建都在大同时凿了云冈的大石窟寺,最初式样曾依赖西域僧人,所以由刻像到花纹都带着浓重的西域和印度的手法情调。迁都到了洛阳之后,又造龙门石窟。当时中国匠人对于雕刻佛像和佛教故事已很熟练,艺术风格就是在中国的原有艺术上吸取了外来影响,尝试了自己的创造。虽然题材仍然是外来的佛教,而在表现手法上却有强烈的中国传统艺术的气息和作风。建筑活动到了这时期,除却帝王的宫殿之外,最主要的主题是宗教建筑物。如:寺院、庙宇、石窟寺或摩崖造像、木塔、砖塔、石塔等等,都有许多杰出的新创造。希腊、波斯艺术在印度所产生的影响,又由佛教传到中国来。在木构建筑物方面,外国影响始终不大,只在原有结构上或平面布局上加以某些变革来解决佛教所需要的内容。最显明的例子就是塔。当时的塔基本上是汉代的"重屋",也就是多层的小楼阁,上面加了佛教的象征物,如塔顶上的"覆钵"和"相轮"。(这个部分在塔尖上称作"刹",就是个缩小的印度的墓塔,中国译音的名称是"窣堵坡"或"塔婆"。)除了塔之外,当时的寺院和其他非宗教的中国院落和殿堂建筑没有根本分别,只是内部的作用改变了性质,因是为佛教服务的,所以凡是艺术、装饰和壁画等,主要都是传达宗教思想的题材。那时劳动人民渗入自己虔诚的宗教热情,创造了活跃而辉煌的艺术。这时期里,比木构耐久的石造和砖造的建筑和雕刻,保存到今天的还很多,都是今天国内最可贵的文物,它们主要代表雕刻,但附带也有表现当时建筑的。如:敦煌、云冈、龙门、南北响堂山,天龙山等著名的石窟,还有与它们同时的个别小型的"造像石"。还有独立的建筑物,如:嵩山嵩岳寺砖塔和山东济南郊外的四门塔。当时的木构建筑,因种种不利的条件,没有保存到现在的。南朝佛教的精华,大多数是木构的,但现时也没有一个存在的实物,现时所见只有陵墓前的石刻华表和狮子等。南北朝时期中木构建筑只有一座木塔,在文献中描写得极为仔细,那就是著名的北魏洛阳"胡太后木塔"。这篇写实的记载给了我们很多可贵的很具体的资料,供我们参考,且可以和隋、唐以后的木构及塔型作比较的。

第四阶段:隋、唐、五代、辽。在南北朝割据的局势不断的战争之后,隋又统一中国,土地的重新分配,提高了生产力,所以在唐中叶之前,称为太平盛世。当时统治阶级充分利用宗教力量来帮助他们统治人民,所以极力提倡佛教,而人民在痛苦之中,依赖佛教超度来生的幻想来排除痛苦,也极需要宗教的安慰,所以佛教愈盛行,则建寺造塔,到处是宗教建筑的活动。同时,为统治阶级所喜欢的道教的势力,也因为得到封建主的支持,而活跃起来。金碧辉煌的佛堂和道观布满了中国,当时的工匠都将热情和力量投入许多艺术创造中,如:绘画、雕刻,丝织品、金银器物等等。建筑艺术在那时是达到高度的完美。由于文化的兴盛,又由于宗教建筑物普遍于各地,熟练工匠的数目增加,传播给徒弟的机会也多起来。建筑上各部做法和所累积和修正的经验,积渐总结,成为制度,凝固下来。唐代建筑物在塑型上,在细部的处理上,在装饰纹样上,在木刻石刻的手法上,在取得外轮线的柔和或稳定的效果上,都已有极谨严极美妙的方法,成为那时代的特征。五代和辽的实物基本上是承继唐代所凝固的风格及做法,就是宋初的大建筑和唐末的作风也仍然非常接近。毫无疑问的,唐中叶以前,中国建筑艺术达到了一个艺术高峰,在以后的宋、元、明、清几次的封建文化高潮时期,都没有能再和它相比的。追究起来,最大原因是当时来自人民的宗教艺术多样性的创造,正发扬到灿烂的顶点,封建统治阶级只是夺取这些艺术活力为他们的政权和宫廷享乐生活服务,用庞大的政治经济实力支持它,庞大宫殿、苑囿、离宫、别馆都是劳动人民所创造。一直到了人民又被压榨得饥寒交迫,穷困不堪,而统治者腐化昏庸,贪欲无穷,经济军事实力,已不能维持自己政权。加上边区的其他政权和民族威胁愈来愈厉害的时期,农民起义和反抗愈剧烈之际,劳动人民对于建筑艺术才绝无创造的兴趣。这样的时期,对统治者的建造都只是被迫着供驱役,赖着熟练技术工人维持着传统手法而已。政权中心的都城长安城中,繁荣和破坏力量,恰是两个极端。但一直到唐末,全国各处对于宗教建筑的态度,却始终不同。人民被宗教的幻想幸福所欺骗,仍然不失掉自己的热心,艺术的精心作品,仍时常在寺院、佛塔、佛像、雕刻上表现出来。

第五阶段:宋、金、元。宋初的建筑也是五代唐末的格式,同辽的建筑也无大区别。但到了公元 1000 年(宋真宗)前后,因为在运河经疏浚后和江南通航,工商业大大发展,宋都汴梁(今开封),公私建造都极旺盛,建筑匠人的创造力又发挥起来,手法开始倾向细致柔美,对于建筑物每个部位的塑形,更敏感、更注意了。各种的阁,各种的楼都极窈窕多姿,作为北宋首都和文化中心的汴梁,是介于南北两种不同的建筑倾向的中间,同时受到南方的秀丽和北方的壮硕风格的影响。这时期宋都的建筑式样,可以说:或多或少的是南北作风的结合,并且也起了为南北两系作媒介的作用。汴京当时多用重楼飞阁一类的组合,如:《东京梦华录》中所描写的樊楼等。宫中游宴的后苑中,藏书楼阁每代都有建造,寺观中华美的楼阁也占极重要的位置,它们大略的风格和姿态,我们还能从许多宋画中见到,最写实的,有:黄鹤楼图、滕王阁图、金明池图等等。日本的镰仓时期的建筑,也很受我们宋代这时期建筑的影响。有一主要特征,就是歇山山花间前的抱厦,这格式宋以后除了金、元有几个例子外,几乎不见了。当时却是普遍的作风。今天北京故宫紫禁城的角楼,就是这种式样的遗风。北宋之后,文化中心南移,南京的建筑,一方面受到北宋官式制度的影响,一方面又有南方自然环境材料的因素和手法与传统的一定条件,所发展出的建筑,又另有它的特征,和北宋的建筑不很相同了。在气魄方面失去唐全盛时的雄伟,但在绮丽和美好的加工方面,宋代有极大贡献。

金、元都是北方民族统治中国的时代,因为金的女真族,和元的蒙古族当时都是比中国文化落后许多的游牧民族,对于中原人民是以俘虏和奴隶来对待的。就是对于技术匠人的重视,也是以掠夺来的战利品看待他们,驱役他们给统治者工作。并且金、元的建设都是在经过一个破坏时期之后,在那情形下,工艺水平降低很多,始终不能恢复到宋全盛时期的水平。金的建筑在外表形式上或仿汴梁宫殿,或仿南宋纤细作风,不一定尊重传统,常常篡改结构上的组合,反而放弃宋代原来较简单合理和优美的做法,而增加繁琐无用的部分。我们可以由金代的殿堂实物上看出它们许多不如宋代的地方。据南宋人记录,金中都的宫殿是"穷极工巧",但"制度不经",意思就是说金的统治者在建造上是尽量浪费奢侈,但制度形式不遵循传统,相当混乱。但金人自已没有高度文化传统，一切接受汉族制度，当时金的"中都"的规模就是模仿北宋汴梁，因此保存了宋的宫城布局的许多特点。这种格式可由元代承继下来传到明、清，一直保存到今天。

元的统治时期，中国版图空前扩大，跨着欧亚两洲，大陆上的交通，使中国和欧洲有若干文化上的交流。但是蒙古的统治者剥削人民财富，征税极为苛刻，对汉族又特别压迫和奴役，经济上是衰疲的，只有江浙的工商业情形稍好。人民虽然困苦不堪，宫殿建筑和宗教建筑（当时以喇嘛教为主）仍然很侈大。当时陆路和海路常有外族的人才来到中国，在建筑上也曾有一些阿拉伯、波斯或西藏等地建筑的影响，如在忽必烈的宫中引水作喷泉，又在砖造的建筑上用彩色的琉璃砖瓦等。在元代的遗物中，最辉煌的实例，就是北京内城有计划的布局规模，它是总结了历代都城的优良传统，参考了中国古代帝都规模，又按照北京的特殊地形、水利的实际情况而设计的。今天它已是祖国最可骄傲的一个美丽壮伟的城市格局。元的木构建筑，经过明、清两代建设之后，实物保存到今天的，国内还有若干处，但北京城内只有可怀疑的与已毁坏而无条件重修的一两处，所以元代原物已是很可贵的研究资料。从我们所见到的几座实物看来，它们在手法上还有许多是宋代遗制，经过金朝的变革的具体例子。如工字殿和山花向前的作风等。

第六阶段：明、清。明代推翻元的统治政权，是民族复兴的强烈力量。最初朱元璋首都设在南京，派人将北京元故宫毁去，元代建筑的精华因此损失殆尽。在南京征发全国工匠二十余万人建造宫殿，规模很宏壮，并且特别强调中国原有的宗教礼节，如天子的郊祀（祭天地和五谷的神），所以对坛庙制度很认真。四十年后，朱棣（明永乐）迁回北京建都，又在元大都城的基础上重新建设。今天北京的故宫大体是明初的建设。虽然绝大部分的个别殿堂，都由清代重建了，明原物还剩了几个完整的组群和个别的大殿几座。社稷坛、太庙（即现在的中山公园、劳动人民文化宫）和天坛，都是明代首创的宏丽的大建筑组群，尤其是天坛的规模和体形是个杰作。明初民气旺盛，是封建经济复兴时期，汉族匠工由半奴隶的情况下改善了，成为手工业技术匠师，工人的创造力大大提高，工商业的进步超越过去任何时期。在建筑上，表现在气魄庄严的大型建筑组群上。应用壮硕的好木料，和认真的工程手艺。工艺的精确端正是明的特征。明代墙垣都用临清砖，重要建筑都用楠木柱子，木工石刻都精确不苟，结构都交代得完整妥帖，外表造型朴实壮大而较清代的柔和。梁架用料比宋式规定大得多，瓦坡比宋斜陡，但宋代以来，缓和弧线有一些仍被采用在个别建筑上，如角柱的升高一点使瓦檐四角微微翘起，或如柱头的"卷杀"，使柱子轮廓柔和许多等等的造法和处理。但在金以后，最显著的一个转变就是除在结构方面有承托负重的作用外，还强调斗拱在装饰方面的作用，在前檐两柱之间把它们增多，每个斗拱同建筑物的比例也缩小了，成为前檐一横列的装饰物。明、清的斗拱都是密集的小型，不像辽、金、宋的那样疏朗而硕大。

明初洪武和永乐的建设规模都宏大。永乐以后太监当权，政治腐败，封建主昏庸无力，知识分子的宰臣都是只争小事没有气魄远见的。明代文人所领导的艺术的表现，都远不如唐、宋的精神。但明代的工业非常发达，建筑一方面由老匠师掌握，一方面由政府官僚监督，按官式规制建造，没有蓬勃的创造性，只是在工艺上非常工整。明中叶以后，寺庙很多是为贪污的阉官祝福而建的，如魏忠贤的生祠等。像这种的建筑，匠师多墨守成规，推敲细节，没有气魄的表现。而在全国各地的手工业作坊和城市的民房倒有很多是达到高度水平的老实工程。全部砖造的建筑和以高度技巧使用琉璃瓦的建筑物也逐渐发展。技术方面有很多的进展。明代的建筑实物到今天已是三五百年的结构，大部分都是很可宝贵的，有一部分尤其是极值得研究的艺术。

明、清两代的建筑形制非常近似。清初入关以后，在玄烨(康熙)、胤禛(雍正)的年代里由统治阶级指定修造的建筑物都是体形健壮，气魄宏大，小部留有明代一些手法上的特征，如北京郑王府之类；但大半都较明代建筑生硬笨重，尤其是柁梁用料过于侈大，在比例上不合理，在结构上是浪费的。到了弘历(乾隆)，他聚敛了大量人民的财富，尽情享受，并且因宫廷趣味处在领导地位，自从他到了江南以后，喜爱南方的风景和建筑，故意要工匠仿南式风格和手法，采用许多曲折布置和纤巧图案，产生所谓"苏式"的彩画等等。因为工匠迎合统治阶级的趣味，所以在这一时期以后的许多建筑造法和清初的区别，正和北宋末崇宁间刊行"营造法式"时期和北宋初期建筑一样，多半是细节加工，在着重巧制花纹的方面用功夫，因而产生了许多玲珑小巧，委靡繁琐的作风。这种偏向多出现在小型建筑或庭园建筑上。由圆明园的亭台楼阁开始，普遍地发展到府邸店楼，影响了清末一切建筑。但清宫苑中的许多庭园建筑，却又有很多恰好是庄严平稳的宫廷建筑物，采取了江南建筑和自然风景配合的灵活布局的优良例子，如颐和园的谐趣园的整个组群和北海琼华岛北面游廊和静心斋等。

在这时期，中国建筑忽然来了一种模仿西洋的趋势，这也是开始于宫廷猎取新奇的心理，由圆明园建造的"西洋楼"开端。当时所谓西洋影响，主要是模仿意大利文艺复兴的古典楼面，圆头发券窗子，柱头雕花的罗马柱子，彩色的玻璃，蚌壳卷草的雕刻和西式石柱、栏杆、花盆、墩子、狮子、圆球等各种缀饰。这些东西，最初在圆明园所用的，虽曾用琉璃瓦特别烧制，由意大利人郎世宁监造；但一般的这种格式花纹多用砖刻出，如恭王府花园和三海中的一些建筑物。北京西郊公园的大门也是一个典型例子①，其他则在各城市的店楼门面上最易见到。颐和园中的石舫就是这种风格的代表。中国建筑在体形上到此已开始呈现庞杂混乱的现象，且已是崇外思想在建筑上表现出来的先声。当时宫廷是由猎奇而爱慕西方商品货物，对西方文化并无认识。到了鸦片战争以后，帝国主义武力侵略各口岸城市，产生买办阶级的媚外崇洋思想和民族自卑心理的时期，英美各国是以蛮横的态度，在我们祖国土地上建造适于他们的生活习惯的房屋和殖民地化的我们的房屋例子，由广州城外的"十三行"和澳门葡萄牙商人所建造的房屋开始，形形色色的洋房洋楼便大量建造起来。祖国的建筑传统、艺术传统，城市的和谐一致的面貌，从此才大量被破坏了。近三十年来中

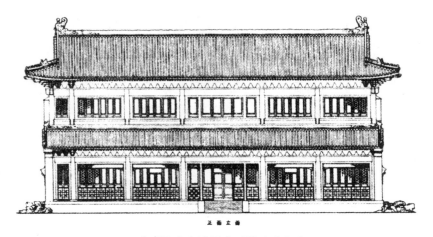

北京故宫文渊阁实测图正面立面

① 北京西郊公园大门的砖雕于1966年拆除。

41

国的建筑设计转到知识分子手里,他们都是或留学欧美,或间接学欧美的建筑的。他们将各国的各时代建筑原封不动地搬到中国城市中来,并且竟鄙视自己的文化,自己固有的建筑和艺术传统,又在思想上做了西洋资本主义国家近代各流派建筑理论的俘虏。解放后经过爱国主义的学习才逐渐认识到祖国传统的伟大。祖国的建筑是祖国过去的劳动人民在长期劳动中智慧的结晶,是我们一份极可骄傲的辉煌的艺术遗产。这个认识及时地纠正了前一些年代里许多人对祖国建筑遗物的轻视和破坏,但是保护建筑文物的工作不过刚刚开始,摆在我们面前的任务是很多很艰巨的。

建筑和建筑的艺术[①]

近两三个月来,许多城市的建筑工作者都在讨论建筑艺术的问题,有些报刊报道了这些讨论,还发表了一些文章,引起了各方面广泛的兴趣和关心。因此在这里以《建筑和建筑的艺术》为题,为广大读者做一点一般性的介绍。

一门复杂的科学——艺术

建筑虽然是一门技术科学,但它又不仅仅是单纯的技术科学,而往往又是带有或多或少(有时极高度的)艺术性的综合体。它是很复杂的多面性的,概括地可以从三个方面来看。

首先,由于生产和生活的需要,往往许多不同的房屋集中在一起,形成了大大小小的城市。一座城市里,有生产用的房屋,有生活用的房屋。一个城市是一个活的有机的整体。它的"身体"主要是由成千上万座各种房屋组成的。这些房屋的适当安排,以适应生产和生活的需要,是一项极其复杂而细致的工作,叫作城市规划。这是建筑工作

①　本文原载 1961 年 7 月 26 日《人民日报》。

的复杂性的第一个方面。

其次，随着生产力的发展，技术科学的进步，在结构上和使用功能上的技术要求也越来越高、越来越复杂了。从人类开始建筑活动，一直到十九世纪后半的漫长的年代里，在材料技术方面，虽然有些缓慢的发展，但都沿用砖、瓦、木、石，几千年没有多大改变；也没有今天的所谓设备。但是到了十九世纪中叶，人们就开始用钢材做建筑材料；后来用钢条和混凝土配合使用，发明了钢筋混凝土；人们对于材料和土壤的力学性能，了解得越来越深入，越精确；建筑结构的技术就成为一种完全可以从理论上精确计算的科学了。在过去这一百年间，发明了许多高强度金属和可塑性的材料，这些也都逐渐运用到建筑上来了。这一切科学上的新的发展就促使建筑结构要求越来越高的科学性。而这些科学方面的进步，又为满足更高的要求，例如更高的层数或更大的跨度等，创造了前所未有的条件。

这些科学技术的发展和发明，也帮助解决了建筑物的功能和使用上从前所无法解决的问题。例如人民大会堂里的各种机电设备，它们都是不可缺少的。没有这些设备，即使在结构上我们盖起了这个万人大会堂，也是不能使用的。其他各种建筑，例如博物馆，在光线、温度、湿度方面就有极严格的要求；冷藏库就等于一座庞大的巨型电气冰箱；一座现代化的舞台，更是一件十分复杂的电气化的机器。这一切都是过去的建筑所没有的，但在今天，它们很多已经不是房子盖好以后再加上去的设备，而往往是同房屋的结构一样，成为构成建筑物的不可分割的部分了。因此，今天的建筑，除去那些最简单的小房子可以由建筑师单独完成以外，差不多没有不是由建筑师、结构工程师和其他各工种的设备工程师和各种生产的工艺工程师协作设计的。这是建筑的复杂性的第二个方面。

第三,就是建筑的艺术性或美观的问题。两千年前,罗马的一位建筑理论家就指出,建筑有三个因素:适用、坚固、美观。一直到今天,我们对建筑还是同样地要它满足这三方面的要求。

我们首先要求房屋合乎实用的要求:要房间的大小,高低,房间的数目,房间和房间之间的联系,平面的和上下层之间的关系以及房间的温度、空气、阳光等等都合乎使用的要求。同时,这些房屋又必须有一定的坚固性,能够承担起设计任务所要求于它的荷载。在满足了这两个前提之后,人们还要求房屋的样子美观。因此,艺术性的问题就扯到建筑上来了。那就是说,建筑是有双重性或者两面性的:它既是一种技术科学,同时往往也是一种艺术,而两者往往是统一的,分不开的。这是建筑的复杂性的第三个方面。

今天我们所要求于一个建筑设计人员的,是对于上面所谈到的三个方面的错综复杂的问题,从国民经济、城市整体的规划的角度;从材料、结构、设备、技术的角度以及适用、坚固、美观三者的统一的角度来全面了解、全面考虑,对于个别的或成组片的建筑物做出适当的处理。这就是今天的建筑这一门科学的概括的内容。目前建筑工作者正在展开讨论的正是这第三个方面中的最后一点——建筑的艺术或美观的问题。

建筑的艺术性

一座建筑物是一个有体有形的庞大的东西,长期站立在城市或乡村的土地上。既然有体有形,就必然有一个美观的问题,对于接触到它的人，必然引起一种美感上的反应。在北京的公共汽车上，每当经过一些新建的建筑的时候，车厢里往往就可以听见一片评头品足的议论，有赞叹歌颂的声音，也有些批评惋惜的论调。这是十分自然的。因此，作为一个建筑设计人员，在考虑适用和工程结构的问题的同时，绝不能忽略了他所设计的建筑，在完成之后，要以什么样的面貌出现在城市的街道上。

在旧社会里，特别是在资本主义社会，建筑绝大部分是私人的事情。但在我们的社会主义社会里，建筑已经成为我们的国民经济计划的具体表现的一部分。它是党和政府促进生产，改善人民生活的一个重要工具。建筑物的形象反映出人民和时代的精神面貌。作为一种上层建筑，它必须适应经济基础。所以建筑的艺术就成为广大群众所关心的大事了。我们党对这一点是非常重视的。早在1953年，党就提出了"适用、经济、在可能条件下注意美观"的建筑方针。在最初的几年，在建筑设计中虽然曾经出现过结构主义、功能主义、复古主义等等各种形式主义的偏差，但是，在党的领导和教育下，到1956年前后，这些偏差都基本上纠正过来了。再经过几年的实践锻炼，我们就取得了像人民大会堂等巨型公共建筑在艺术上的卓越成就。

建筑的艺术和其他的艺术既有相同之处，也有区别，现在先谈谈建筑的艺术和其他艺术相同之点。

首先，建筑的艺术一面，作为一种上层建筑和其他的艺术一样，并且是为它的经济基础服务的。不同民族的生活习惯和文化传统又赋予建筑以民族性。它是社会生活的反映，它的形象往往会引起人们情感上的反应。

从艺术的手法技巧上看，建筑也和其他艺术有很多相同之点。它们都可以通过它的立体和平面的构图,运用线、面和体,各部分的比例、平衡、对称、对比、韵律、节奏、色彩,表质等等而取得它的艺术效果。这些都是建筑和其他艺术相同的地方。

但是,建筑又不同于其他艺术。其他的艺术完全是艺术家思想意识的表现,而建筑的艺术却必须从属于适用经济方面的要求,要受到建筑材料和结构的制约。一张画、一座雕像、一出戏、一部电影,都是可以任人选择的。可以把一张画挂起来,也可以收起来。一部电影可以放映。一般它们的体积都不大,它们的影响面是可以由人们控制的。但是,一座建筑物一旦建造起来,它就要几十年几百年地站立在那里。它的体积非常庞大,不由分说地就形成了当地居民生活环境的一部分,强迫人去使用它,去看它,好看也得看,不好看也得看。在这点上,建筑是和其他艺术极不相同的。

绘画、雕塑、戏剧、舞蹈等艺术都是现实生活或自然现象的反映或再现。建筑虽然也反映生活,却不能再现生活。绘画、雕塑、戏剧、舞蹈能够表达它赞成什么,反对什么。建筑就很难做到这一点。建筑虽然也引起人们的感情反应,但它只能表达一定的气氛,或是庄严雄伟,或是明朗轻快,或是神秘恐怖等等。这也是建筑和其他艺术不同之点。

建筑的民族性

建筑在工程结构和艺术处理方面还有民族性和地方性的问题。在这个问题上,建筑和服装有很多相同之点。服装无非是用一些纺织品(偶尔加一些皮革),根据人的身体,做成掩蔽身体的东西。在寒冷的地区和季节,要求它保暖;在炎热的季节或地区,又要求它凉爽。建筑也无非是用一些砖瓦木石搭起来以取得一个有掩蔽的空间,同衣服一样,也要适应气候和地区的特征。几千年来,不同的民族,在不同的地区,在不同的社会发展阶段中,各自创造了极不相同的形式和风格。例如,古代埃及和希腊的建筑,今天遗留下来的都有很多庙宇。它们都是用石头的柱子、石头的梁和石头的墙建造起来的。埃及的都很沉重严峻。仅仅隔着一个地中海,在对岸的希腊,却呈现一种轻快明朗的气氛。又如中国建筑自古以来就用木材形成了我们这种建筑形式,有鲜明的民族特征和独特的民族风格。别的国家和民族,在亚洲、欧洲、非洲,也都用木材建造房屋,但是都有不同的民族特征。甚至就在中国不同的地区、不同的民族用一种基本上相同的结构方法,还是有各自不同的特征。总的说来,就是在一个民族文化发展的初期,由于交通不便,和其他民族隔绝,各自发展自己的文化;岁久天长,逐渐形成了自己的传统,形成了不同的特征。当然,随着生产力的发展,科学技术逐渐进步,各个民族的活动范围逐渐扩大,彼此之间的接触也越来越多,而彼此影响。在这种交流和发展中,每个民族都按照自己的需要吸收外来的东西。每个民族的文化都在缓慢地,但是不断地改变和发展着,但仍然保持着自己的民族特征。

今天,情况有了很大的改变,不仅各民族之间交通方便,而且各个国家、各民族各地区之间不断地你来我往。现代的自然科学和技术科学使我们掌握了各种建筑材料的力学物理性能,可以用高度精确的科学性计算出最合理的结构;有许多过去不能解决的结构问题,今天都能解决了。在这种情况下,就提出一个问题,在建筑上如何批判地吸收古今中外有用的东西和现代的科学技术很好地结合起来。我们绝不应否定我们今天所掌握的科学技术对于建筑形式和风格的不可否认的影响。如何吸收古今中外一切有用的东西，创造社会主义的、中国的建筑新风格。正是我们讨论的问题。

美观和适用·经济·坚固的关系

对每一座建筑，我们都要求它适用、坚固、美观。我们党的建筑方针是"适用、经济、在可能条件下注意美观"。建筑既是工程又是艺术；它是有工程和艺术的双重性的。但是建筑的艺术是不能脱离了它的适用的问题和工程结构的问题而单独存在的。适用、坚固、美观之间存在着矛盾；建筑设计人员的工作就是要正确处理它们之间的矛盾，求得三方面的辩证的统一。明显的是，在这三者之中，适用是人们对建筑的主要要求。每一座建筑都是为了一定的适用的需要而建造起来的。其次是每一座建筑在工程结构上必须具有它的功能的适用要求所需要的坚固性。不解决这两个问题就根本不可能有建筑物的物质存在。建筑的美观问题是在满足了这两个前提的条件下派生的。

在我们社会主义建设中，建筑的经济是一个重要的政治问题。在生产性建筑中，正确地处理建筑的经济问题是我们积累社会主义建设资金、扩大生产再生产的一个重要手段。在非生产性建筑中，正确地处理经济问题是一个用最少的资金，最大限度地为广大人民改善生活环境的问题。社会主义的建筑师忽视建筑中的经济问题是党和人民所不允许的。因此，建筑的经济问题，在我们社会主义建设中，就被提到前所未有的政治高度。因此，党指示我们在一切民用建筑中必须贯彻"适用、经济、在可能条件下注意美观"的方针。应该特别指出，我们的建筑的美观问题是在适用和经济的可能条件下予以注意的。所以，当我们讨论建筑的艺术问题，也就是讨论建筑的美观问题时，是不能脱离建筑的适用问题、工程结构问题、经济问题而把它孤立起来讨论的。

建筑的适用和坚固的问题，以及建筑的经济问题都是比较"实"的问题，有很多都是可以用数目字计算出来的。但是建筑的艺术问题，虽然它脱离不了这些"实"的基础，但它却是一个比较"虚"的问题。因此，在建筑设计人员之间，就存在着比较多的不同的看法，比较容易引起争论。

在技巧上考虑些什么？

为了便于广大读者了解我们的问题，我在这里简略地介绍一下在考虑建筑的艺术问题时，在技巧上我们考虑哪些方面。

轮廓 首先我们从一座建筑物作为一个有三度空间的体量上去考虑，从它所形成的总体轮廓去考虑。例如：天安门，看它的下面的大台座和上面双重房檐的门楼所构成的总体轮廓，看它的大小、高低、长宽等等的相互关系和比例是否恰当。在这一点上，好比看一个人，只要先从远处一望，看她头的大小，肩膀宽窄，胸腰粗细，四肢的长短，站立的姿势，就可以大致做出结论她是不是一个美人了。建筑物的美丑问题，也有类似之处。

比例 其次就要看一座建筑物的各个部分和各个构件的本身和相互之间的比例关系。例如门窗和墙面的比例，门窗和柱子的比例，柱子和墙面的比例，门和窗的比例，门和门，窗和窗的比例，这一切的左右关系之间的比例,上下层关系之间的比例等等;此外,又有每一个构件本身的比例,例如门的宽和高的比例,窗的宽和高的比例,柱子的柱径和柱高的比例,檐子的深度和厚度的比例等等;总而言之,抽象地说,就是一座建筑物在三度空间和两度空间的各个部分之间的,虚与实的比例关系,凹与凸的比例关系,长宽高的比例关系的问题。而这种比例关系是决定一座建筑物好看不好看的最主要的因素。

尺度 在建筑的艺术问题之中,还有一个和比例很相近,但又不仅仅是上面所谈到的比例的问题。我们叫它作建筑物的尺度。比例是建筑物的整体或者各部分、各构件的本身或者它们相互之间的长宽高的比例关系或相对的比例关系;而所谓尺度则是一些主要由于适用的功能、特别是由于人的身体的大小所决定的绝对尺寸和其他各种比例之间的相互关系问题。有时候我们听见人说,某一个建筑真奇怪,实际上那样高大,但远看过去却不显得怎么大,要一直走到跟前抬头一望,才看到它有多么高大。这是什么道理呢? 这就是因为尺度的问题没有处理好。

一座大建筑并不是一座小建筑的简单的按比例放大。其中有许多东西是不能放大的,有些虽然可以稍微放大一些,但不能简单地按比例放大。例如有一间房间,高 3 米,它的门高 2.1 米,宽 90 厘米;门上的锁把子离地板高一米;门外有几步台阶,每步高 15 厘米,宽 30 厘米;房间的窗台离地板高 90 厘米。但是当我们盖一间高 6 米的房间的时候,我们却不能简单地把门的高宽,门锁和窗台的高度,台阶每步的高宽按比例加一倍。在这里,门的高宽是可以略略放大一点的,但放大也必须合乎人的尺度,例如说,可以放到高 2.5 米,宽 1.1 米左右,但是窗台、门把手的高度,台阶每步的高宽却是绝对的,不可改变的。由于建筑物上这些相对比例和绝对尺寸之间的相互关系,就产生了尺度的问题,处理得不好,就会使得建筑物的实际大小和视觉上给人的大小的印象不相称。这是建筑设计中的艺术处理手法上一个比较不容易掌握的问题。从一座建筑的整体到它的各个局部细节乃至于一个广场,一条街道,一个建筑群,都有这尺度问题。美术家画人也有与此类似的问题。画一个大人并不是把一个小孩按比例放大;按比例放大,无论放多大,看过去还是一个小孩子。在这一点上,画家的问题比较简单,因为人的发育成长有它的自然的必然的规律。但在建筑设计中,一切都是由设计人创造出来的,每一座不同的建筑在尺度问题上都需要给予不同的考虑。要做到无论多大多小的建筑,看过去都和它的实际大小恰如其分地相称,可是一件不太简单的事。

均衡 在建筑设计的艺术处理上还有均衡、对称的问题。如同其他艺术一样,建筑物的各部分必须在构图上取得一种均衡、安定感。取得这种均衡的最简单的方法就是用对称的方法,在一根中轴线的左右完全对称。这样的例子最多,随处可以看到。但取得构图上的均衡不一定要用左右完全对称的方法。有时可以用一边高起,一边平铺的方法;有时可以一边用一个大的体积和一边用几个小的体积的方法或者其他方法取得均衡。这种形式的多样性是由于地形条件的限制,或者由于功能上的特殊要求而产生的。但也有由于建筑师的喜爱而做出来的。山区的许多建筑都采取不对称的形式,就是由于地形的限制。有些工业建筑由于工艺过程的需要,在某一部位上会突出一些特别高的部分,高低不齐,有时也取得很好的艺术效果。

节奏 节奏和韵律是构成一座建筑物的艺术形象的重要因素;前面所谈到的比例,有许多就是节奏或者韵律的比例。这种节奏和韵律也是随地可以看见的。例如从天安门经过端门到午门，天安门是重点的一节或者一个拍子，然后左右两边的千步廊，各用一排等距离的柱子，有节奏地排列下去。但是每九间或十一间，节奏就要断一下，加一道墙，屋顶的脊也跟着断一下。经过这样几段之后，就出现了东西对峙的太庙门和社稷门，好像引进了一个新的主题。这样有节奏有韵律地一直达到端门，然后又重复一遍达到午门。

事实上，差不多所有的建筑物，无论在水平方向上或者垂直方向上，都有它的节奏和韵律。我们若是把它分析分析，就可以看到建筑的节奏、韵律有时候和音乐很相像。例如有一座建筑，由左到右或者由右到左，是一柱，一窗；一柱，一窗地排列过去，就像"柱，窗；柱，窗；柱，窗；柱，窗……"的2/4拍子。若是一柱二窗的排列法，就有点像"柱，窗，窗；柱，窗，窗；……"的圆舞曲。若是一柱三窗地排列，就是"柱，窗，窗，窗；柱，窗，窗，窗；……"的4/4拍子了。

在垂直方向上，也同样有节奏、韵律；北京广安门外的天宁寺塔就是一个有趣的例子。由下看上去，最下面是一个扁平的不显著的月台；上面是两层大致同样高的重叠的须弥座；再上去是一周小挑台，专门名词叫平坐；平坐上面是一圈栏杆，栏杆上是一个三层莲瓣座，再上去是塔的本身，高度和两层须弥座大致相等；再上去是十三层檐子；最上是攒尖瓦顶，顶尖就是塔尖的宝珠。按照这个层次和它们高低不同的比例，我们大致（只是大致）可以看到（而不是听到）这样一段节奏（见下页图）：

我在这里并没有牵强附会。同志们要是不信，请到广安门外去看看。

质感　在建筑的艺术效果上另一个起作用的因素是质感，那就是

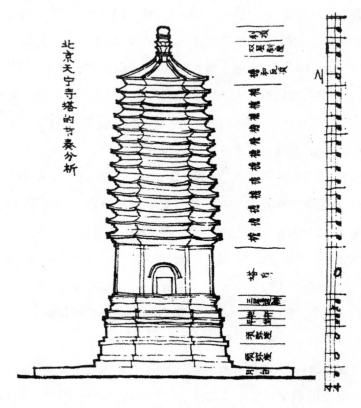

北京天宁寺塔的节奏分析

材料表面的质地的感觉。这可以和人的皮肤相比,看看她的皮肤是粗糙或细腻,是光滑还是皱纹很多;也像衣料,看它是毛料、布料或者是绸缎,是粗是细等等。

建筑表面材料的质感,主要是由两方面来掌握的,一方面是材料的本身,一方面是材料表面的加工处理。建筑师可以运用不同的材料,或者是几种不同材料的相互配合而取得各种艺术效果;也可以只用一种材料,但在表面处理上运用不同的手法而取得不同的艺术效果。例如北京的故宫太和殿,就是用汉白玉的台基和栏杆,下半青砖

54

上半抹灰的砖墙,木材的柱梁斗拱和琉璃瓦等等不同的材料配合而成的(当然这里面还有色彩的问题,下面再谈)。欧洲的建筑,大多用石料,打得粗糙就显得雄壮有力,打磨得光滑就显得斯文一些。同样的花岗石,从极粗糙的表面到打磨得像镜子一样的光亮,不同程度的打磨,可以取得十几、二十种不同的效果。用方整石块砌的墙和乱石砌的"虎皮墙",效果也极不相同。至于木料,不同的木料,特别是由于木纹的不同,都有不同的艺术效果。用斧子砍的,用锯子锯的,用刨子刨的,以及用砂纸打光的木材,都各有不同的效果。抹灰墙也有抹光的,有拉毛的;拉毛的方法又有几十种。油漆表面也有光滑的或者皱纹的处理。这一切都影响到建筑的表面的质感。建筑师在这上面是大有文章可做的。

色彩 关系到建筑的艺术效果的另一个因素就是色彩。在色彩的运用上,我们可以利用一些材料的本色。例如不同颜色的石料,青砖或者红砖,不同颜色的木材等等。但我们更可以采用各种颜料,例如用各种颜色的油漆,各种颜色的琉璃,各种颜色的抹灰和粉刷乃至不同颜色的塑料等等。

在色彩的运用上,从古以来,中国的匠师是最大胆和最富有创造性的。咱们就看看北京的故宫、天坛等等建筑吧。白色的台基,大红色的柱子、门窗、墙壁;檐下青绿点金的彩画;金黄的或是翠绿的或是宝蓝的琉璃瓦顶,特别是在秋高气爽,万里无云,阳光灿烂的北京的秋天,配上蔚蓝色的天空做背景。那是每一个初到北京来的人永远不会忘记的印象。这对于我们中国人都是很熟悉的,没有必要在这里多说了。

装饰 关于建筑物的艺术处理上我要谈的最后一点就是装饰雕

刻的问题。总的说来，它是比较次要的，就像衣服上的滚边或者是绣点花边，或者是胸前的一个别针，头发上的一个卡子或蝴蝶结一样。这一切，对于一个人的打扮，虽然也能起一定的效果，但毕竟不是主要的。对于建筑也是如此，只要总的轮廓、比例、尺度、均衡、节奏、韵律、质感、色彩等等问题处理得恰当，建筑的艺术效果就大致已经决定了。假使我们能使建筑像唐朝的虢国夫人那样，能够"淡扫娥眉朝至尊"，那就最好。但这不等于说建筑就根本不应该有任何装饰。必要的时候，恰当地加一点装饰，是可以取得很好的艺术效果的。

要装饰用得恰当，还是应该从建筑物的功能和结构两方面去考虑。再拿衣服来做比喻。衣服上的装饰也应从功能和结构上考虑，不同之点在于衣服还要考虑到人的身体的结构。例如领口、袖口、旗袍的下摆、衩子、大襟都是结构的重要部分，有必要时可以绣些花边；腰是人身结构的"上下分界线"，用一条腰带来强调这条分界线也是恰当的。又如口袋有它的特殊功能，因此把整个口袋或口袋的口子用一点装饰来突出一下也是恰当的。建筑的装饰，也应该抓住功能上和结构上的关键来略加装饰。例如，大门口是功能上的一个重要部分，就可以用一些装饰来强调一下。结构上的柱头、柱脚、门窗的框子，梁和柱的交接点，或是建筑物两部分的交接线或分界线，都是结构上的"骨节眼"，也可以用些装饰强调一下。在这一点上，中国的古代建筑是最善于对结构部分予以灵巧的艺术处理的。我们看到的许多装饰，如挑尖梁头，各种的玉头或荷叶形的装饰，绝大多数就是在结构构件上的一点艺术加工。结构和装饰的统一是中国建筑的一个优良传统。屋顶上的脊和鸱吻、兽头、仙人、走兽等等装饰，它们的位置、轻重、大小，也是和屋顶内部的结构完全一致的。

由于装饰雕刻本身往往也就是自成一局的艺术创作,所以上面所谈的比例、尺度、质感、对称、均衡、韵律、节奏、色彩等等方面,也是同样应该考虑的。

当然,运用装饰雕刻,还要按建筑物的性质而定。政治性强,艺术要求高的,可以适当地用一些。工厂车间就根本用不着。一个总的原则就是不可滥用。滥用装饰雕刻,就必然欲益反损,弄巧成拙,得到相反的效果。

有必要重复一遍:建筑的艺术和其他艺术有所不同,它是不能脱离适用、工程结构和经济的问题而独立存在的。它虽然对于城市的面貌起着极大的作用,但是它的艺术是从属于适用、工程结构和经济考虑的,是派生的。

此外,由于每一座个别的建筑都是构成一座城市的一个"细胞",它本身也不是单独存在的。它必然有它的左邻右舍,还有它的自然环境或者园林绿化。因此,个别建筑的艺术问题也是不能脱离了它的环境而孤立起来单独考虑的。有些同志指出:北京的民族文化宫和它的左邻右舍水产部大楼和民族饭店的相互关系处理得不大好。这正是指出了我们工作中在这方面的缺点。

总而言之,建筑的创作必须从国民经济、城市规划、适用、经济、材料、结构、美观等等方面全面地综合地考虑。而它的艺术方面必须在前面这些前提下,再从轮廓、比例、尺度、质感、节奏、韵律、色彩、装饰等等方面去综合考虑,在各方面受到严格的制约,是一种非常复杂的、高度综合性的艺术创作。

千篇一律与千变万化 [1]

在艺术创作中,往往有一个重复和变化的问题:只有重复而无变化,作品就必然单调枯燥;只有变化而无重复,就容易陷于散漫零乱。在有"持续性"的作品中,这一问题特别重要。我所谓"持续性",有些是时间的持续,有些是在空间转移的持续,但是由于作品或者观赏者由一个空间逐步转入另一空间,所以同时也具有时间的持续性,成为时间、空间的综合的持续。

音乐就是一种时间持续的艺术创作。我们往往可以听到在一首歌曲或者乐曲从头到尾持续的过程中,总有一些重复的乐句、乐段——或者完全相同,或者略有变化。作者通过这些重复而取得整首乐曲的统一性。

音乐中的主题和变奏也是在时间持续的过程中,通过重复和变化而取得统一的另一例子。在舒伯特的《鳟鱼》五重奏中,我们可以听到持续贯穿全曲的极其朴素明朗的"鳟鱼"主题和它的层出不穷的变奏。但是这些变奏又"万变不离其宗"——主题。水波涓涓的伴奏也不断地重复着,使你形象地看到几条鳟鱼在这片伴奏的"水"里悠然自得地

---

① 　本文原载 1962 年 5 月 20 日《人民日报》。

游来游去嬉戏,从而使你"知鱼之乐"焉。

舞台上的艺术大多是时间与空间的综合持续。几乎所有的舞蹈都要将同一动作重复若干次,并且往往将动作的重复和音乐的重复结合起来,但在重复之中又给以相应的变化;通过这种重复与变化以突出某一种效果,表达出某一种思想感情。

在绘画的艺术处理上,有时也可以看到这一点。

宋朝画家张择端的《清明上河图》是我们熟悉的名画。它的手卷的形式赋予它以空间、时间都很长的"持续性"。画家利用树木、船只、房屋,特别是那无尽的瓦陇的一些共同特征、重复排列,以取得几条街道(亦即画面)的统一性。当然,在重复之中同时还闪烁着无穷的变化。不同阶段的重点也螺旋式地变换着在画面上的位置,步步引人入胜。画家在你还未意识到以前,就已经成功地以各式各样的重复把你的感受的方向控制住了。

宋朝名画家李公麟在他的《放牧图》中对于重复性的运用就更加突出了。整幅手卷就是无数匹马的重复,就是一首乐曲,用"骑"和"马"分成几个"主题"和"变奏"的"乐章"。表示原野上低伏缓和的山坡的寥寥几笔线条和疏疏落落的几棵孤单的树就是它的"伴奏"。这种"伴奏"(背景)与主题间简繁的强烈对比也是画家惨淡经营的匠心所在。

上面所谈的那种重复与变化的统一在建筑物形象的艺术效果上起着极其重要的作用。古今中外的无数建筑,除去极少数例外,几乎都以重复运用各种构件或其他构成部分作为取得艺术效果的重要手段之一。

就举首都人民大会堂为例。它的艺术效果中一个最突出的因素就是那几十根柱子。虽然在不同的部位上,这一列和另一列柱在高低大小上略有不同,但每一根柱子都是另一根柱子的完全相同的简单重复。至于其他门、窗、檐、额等等,也都是一个个依样葫芦。这种重复却是给予这座建筑以其统一性和雄伟气概的一个重要因素;是它的形象上最突出的特征之一。

历史中最杰出的一个例子是北京的明清故宫。从(已被拆除了的)中华门(大明门、大清门)开始就以一间接着一间,重复了又重复的千步廊一口气排列到天安门。从天安门到端门、午门又是一间间重复着的"千篇一律"的朝房。再进去,太和门和太和殿、中和殿、保和殿成为一组的"前三殿"与乾清门和乾清宫、交泰殿、坤宁宫成为一组的"后三殿"的大同小异的重复,就更像乐曲中的主题和"变奏";每一座的本身也是许多构件和构成部分(乐句、乐段)的重复;而东西两侧的廊、庑、楼、门,又是比较低微的,以重复为主但亦有相当变化的"伴奏"。然而整个故宫,它的每一个组群,每一个殿、阁、廊、门却全部都是按照明清两朝工部的"工程做法"的统一规格、统一形式建造的,连彩画、雕饰也尽如此,都是无尽的重复。我们完全可以说它们"千篇一律"。

但是,谁能不感到,从天安门一步步走进去,就如同置身于一幅大"手卷"里漫步;在时间持续的同时,空间也连续着"流动"。那些殿堂、楼门、廊庑虽然制作方法千篇一律,然而每走几步,前瞻后顾,左睇右盼,那整个景色,轮廓、光影,却都在不断地改变着;一个接着一个新的画面出现在周围,千变万化。空间与时间,重复与变化的辩证统一在北京故宫中达到了最高的成就。

颐和园里的谐趣园,绕池环览整整三百六十度周圈,也可以看到这点。

至于颐和园的长廊，可谓千篇一律之尤者也。然而正是那目之所及的无尽的重复，才给游人以那种只有它才能给人的特殊感受。大胆来个荒谬绝伦的设想：那八百米长廊的几百根柱子，几百根梁枋，一根方，一根圆，一根八角，一根六角……；一根肥，一根瘦，一根曲，一根直，……；一根木，一根石，一根铜，一根钢筋混凝土……；一根红，一根绿，一根黄，一根蓝，……；一根素净无饰，一根高浮盘龙，一根浅雕卷草，一根彩绘团花……；这样"千变万化"地排列过去，那长廊将成何景象？!!

有人会问：那么走到长廊以前，乐寿堂临湖回廊墙上的花窗不是各具一格，千变万化的吗？是的。就回廊整体来说，这正是一个"大同小异"，大统一中的小变化的问题。既得花窗"小异"之谐趣，无伤回廊"大同"之统一。且先以这样花窗小小变化，作为廊柱无尽重复的"前奏"，也是一种"欲扬先抑"的手法。

翻开一部世界建筑史，凡是较优秀的个体建筑或者组群，一条街道或者一个广场，往往都以建筑物形象重复与变化的统一而取胜。说是千篇一律，却又千变万化。每一条街都是一轴"手卷"、一首"乐曲"。千篇一律和千变万化的统一在城市面貌上起着重要作用。

十二年来，我们规划设计人员在全国各城市的建筑中，在这一点上做得还不能尽如人意。为了多快好省，我们做了大量标准设计，但是"好"中既也包括艺术的一面，就也"百花齐放"。我们有些住宅区的标准设计"千篇一律"到孩子哭着找不到家；有些街道又一幢房子一个样式，一个风格，互不和谐；即使它们本身各自都很美观，放在一起就都"损人"且不"利己"，"千变万化"到令人眼花缭乱。我们既要百

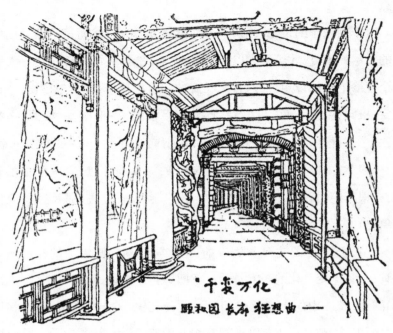

"千变万化"——颐和园长廊狂想曲

花齐放,丰富多彩,却要避免杂乱无章,相互减色;既要和谐统一,全局完整,却要避免千篇一律,单调枯燥。这恼人的矛盾是建筑师们应该认真琢磨的问题。今天先把问题提出,下次再看看我国古代匠师,在当时条件下,是怎样统一这矛盾而取得故宫、颐和园那样的艺术效果的。

中国建筑师[1]

　　中国的建筑从古以来，都是许多劳动者，为解决生活中一项主要的需要，在不自觉中的集体创作。许多不知名的匠师们，累积世世代代的传统经验，在各个时代中不断地努力，形成了中国的建筑艺术。他们的名字，除了少数因服务于统治阶级而得留名于史籍者外，还有许多因杰出的技术，为一般人民所尊敬，或为文学家所记述，或在建筑物旁边碑石上留下名字。

　　人民传颂的建筑师，第一名我们应该提出鲁班。他是公元前第七或第六世纪的人物，能建筑房屋、桥梁、车舆以及日用的器皿，他是"巧匠"（有创造性发明的工人）的典型，两千多年来，他被供奉为木匠之神。隋朝（581—618）的一位天才匠师李春，在河北省赵县城外建造了一座大石桥，是世界最古的空撞券桥，到今天还存在着。这桥的科学的做法，在工程上伟大的成功，说明了在那时候，中国的工程师已积累了极丰富的经验，再加上他个人智慧的发明，使他的名字受到地方人民的尊敬，很清楚的镌刻在石碑上。十世纪末叶的著名匠师喻皓，最

---

　　① 本文是为前苏联大百科全书写的稿。全文分两部分，第一部分为中国建筑；第二部分为中国建筑师。本书只选了第二部分。

长于建造木塔及多层楼房。他设计河南省开封的开宝寺塔，先作模型，然后施工。他预计塔身在一百年向西北倾侧，以抵抗当地的主要风向，他预计塔身在一百年内可以被风吹正，并预计塔可存在七百年。可惜这塔因开封的若干次水灾，宋代的建设现在已全部不存，残余遗迹也极少，这塔也不存痕迹了。此外喻皓曾将木材建造技术著成《木经》一书，后来宋代的《营造法式》就是依据此书写成的。

著名画家而兼能建筑设计的，唐朝有阎立德，他为唐太宗计划骊山温泉宫。宋朝还有郭忠恕为宋太宗建宫中的大图书馆——所谓崇文院、三馆、秘阁。

此外史书中所记录的"建筑师"差不多全是为帝王服务、监修工程而著名的。这类留名史籍的人之中，有很多只是在工程上负行政监督的官吏，不一定会专门的建筑技术的，我们在此只提出几个以建筑技术出名的人。

我们首先提出的是公元前第三世纪初年为汉高祖营建长安城和未央宫的杨城延，他的出身是高祖军队中一名平常的"军匠"，后来作了高祖的将作少府（"将作少府"就是皇帝的总建筑师）。他的天才为初次真正统一的中国建造了一个有计划的全国性首都，并为皇帝建造了多座皇宫，为政府机关建造了衙署。

其次要提的是为隋文帝（公元第六世纪末年）计划首都的刘龙和宇文恺。这时汉代的长安已经毁灭，他们在汉长安附近另外为隋朝计划一个新首都。

在这个中国历史最大的都城里，他们首次实行了分区计划，皇宫、衙署、住宅、商业都有不同的区域。这个城的面积约七十平方公里，比现在的北京城还大。灿烂的唐朝，就继承了这城作为首都。

中国建筑历史中留下专门技术著作的建筑师是十一世纪间的李诚。他是皇帝艺术家宋徽宗的建筑师。除去建造了许多宫殿、寺庙、衙署之外，他在公元1100年刊行了《营造法式》一书，是中国现存最古最重要的建筑技术专书。南宋时监修行宫的王焕将此书传至南方。

十三世纪中叶蒙古征服者入中国以后，忽必烈定都北京，任命阿拉伯人野黑昳儿计划北京城，并监造宫殿。马可波罗所看见的大都就是野黑昳儿的创作。他虽是阿拉伯人，但在部署的制度和建筑结构的方法上都与当时的中国官吏合作，仍然是遵照中国古代传统做的。

在十五世纪的前半期中，明朝皇帝重建了元代的北京城，主要的建筑师是阮安。北京的城池，九个城门，皇帝居住的两宫，朝会办公的三殿，五个王府，六个部，都是他负责建造的。除建筑外，他还是著名的水利工程师。

在清朝（1644—1912）近260年间，北京皇室的建筑师成了世袭的职位。在十七世纪末年，一个南方匠人雷发达应募来北京参加营建宫殿的工作，因为技术高超，很快就被提升担任设计工作。从他起一共七代，直到清朝末年，主要的皇室建筑，如宫殿、皇陵、圆明园、颐和园等都是雷氏负责的。这个世袭的建筑师家族被称为"样式雷"。

二十世纪以来，欧洲建筑被

梁思成

65

帝国主义侵略者带入中国,所以出国留学的学生有一小部分学习欧洲系统的建筑师。他们用欧美的建筑方法,为半殖民地及封建势力的中国建筑了许多欧式房屋。但到公元 1920 年前后,随着革命的潮流,开始有了民族意识的表现。其中最早的一个吕彦直,他是孙中山陵墓的设计者。那个设计有许多缺点,无可否认是不成熟的,但它是由崇尚欧化的风气中回到民族形式的表现。吕彦直在未完成中山陵之前就死了。那时已有少数的大学成立了建筑系,以训练中国新建筑师为目的。建筑师们一方面努力于新民族形式之创造,一方面努力于中国古建筑之研究。1929 年所成立的中国营造学社中的几位建筑师就是专门做实地调查测量工作,然后制图写报告。他们的目的在将他们的成绩供给建筑学系作教材,但尚未能发挥到最大的效果。解放后,在毛泽东思想领导下,遵循共同纲领所指示的方向,正在开始的文化建设的高潮里,新中国建筑的创造已被认为一种重要的工作。建筑师已在组织自己的中国建筑工程学会,研究他们应走的道路,准备在大规模建设时,为人民的新中国服务。

建筑师是怎样工作的？[①]

上次谈到建筑作为一门学科的综合性，有人就问："那么，一个建筑师具体地又怎样进行设计工作呢？"多年来就不断地有人这样问过。

首先应当明确建筑师的职责范围。概括地说，他的职责就是按任务提出的具体要求，设计最适用，最经济，符合于任务要求的坚固度而又尽可能美观的建筑；在施工过程中，检查并监督工程的进度和质量。工程竣工后还要参加验收的工作。现在主要谈谈设计的具体工作。

设计首先是用草图的形式将设计方案表达出来。如同绘画的创作一样，设计人必须"意在笔先"。但是这个"意"不像画家的"意"那样只是一种意境和构图的构思（对不起，画家同志们，我有点简单化了），而需要有充分的具体资料和科学根据。他必须先做大量的调查研究，而且还要"体验生活"。所谓"生活"，主要的固然是人的生活，但在一些生产性建筑的设计中，他还需要"体验"一些高炉、车床、机器等等的"生活"。他的立意必须受到自然条件，各种材料技术条件，城市（或乡村）环境，人力、财力、物力以及国家和地方的各种方针、政策、规范、定额、指标等等的限制。有时他简直是在极其苛刻的羁绊下进

---

① 本文原载 1962 年 4 月 9 日《人民日报》。

行创作。不言而喻,这一切之间必然充满了矛盾。建筑师"立意"的第一步就是掌握这些情况,统一它们之间的矛盾。

具体地说:他首先要从适用的要求下手,按照设计任务书提出的要求,拟定各种房间的面积、体积。房间各有不同用途,必须分隔;但彼此之间又必然有一定的关系,必须联系。因此必须全面综合考虑,合理安排——在分隔之中求得联系,在联系之中求得分隔。这种安排很像摆"七巧板"。

什么叫合理安排呢?举一个不合理的(有点夸张到极端化的)例子。假使有一座北京旧式 5 开间的平房,分配给一家人用。这家人需要客厅、餐厅、卧室、卫生间、厨房各一间。假使把这五间房间这样安排:

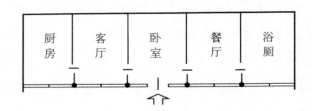

可以想象,住起来多么不方便!客人来了要通过卧室才走进客厅;买来柴米油盐鱼肉蔬菜也要通过卧室、客厅才进厨房;开饭又要端着菜饭走过客厅、卧室才到餐厅,半夜起来要走过餐厅才能到卫生间解手!只有"饭前饭后要洗手"比较方便。假使改成以下这样,就比较方便合理了。

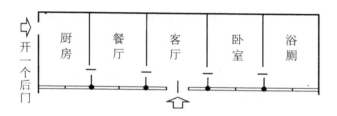

　　当一座房屋有十几、几十,乃至几百间房间都需要合理安排的时候,它们彼此之间的相互关系就更加多方面而错综复杂,更不能像我们利用这5间老式平房这样通过一间走进另一间,因而还要加上一些除了走路之外更无他用的走廊、楼梯之类的"交通面积"。房间的安排必须反映并适应组织系统或生产程序和生活的需要。这种安排有点像下棋,要使每一子、每一步都和别的棋子有机地联系着,息息相关;但又须有一定的灵活性以适应改作其他用途的可能。当然,"适用"的问题还有许多其他方面,如日照(朝向),避免城市噪音,通风等等,都要在房间布置安排上给予考虑。这叫作"平面布置"。

　　但是平面布置不能单纯从适用方面考虑。必须同时考虑到它的结构。房间有大小高低之不同,若完全由适用决定平面布置,势必有无数大小高低不同、参差错落的房间,建造时十分困难,外观必杂乱无章。一般地说,一座建筑物的外墙必须是一条直线(或曲线)或不多的几段直线。里面的隔断墙也必须按为数不太多的几种距离安排;楼上的墙必须砌在楼下的墙上或者一根梁上。这样,平面布置就必然会形成一个棋盘式的网格。即使有些位置上不用墙而用柱,柱的位置也必须像围棋子那样立在网格的"十"字交叉点上——不能使柱子像原始森林中的树那样随便乱长在任何位置上。这主要是由于承托楼板或屋顶的梁的长度不一致、长短参差不齐而决定的。这叫作"结构网"。

在考虑平面布置的时候,设计人就必须同时考虑到几种最能适应任务需求的房间尺寸的结构网。一方面必须把许多房间都"套进"这结构网的"框框"里;另一方面又要深入细致地从适用的要求以及建筑物外表形象的艺术效果上去选择,安排它的结构网。适用的考虑主要是对人,而结构的考虑则要在满足适用的大前提下,考虑各种材料技术的客观规律,要尽可能发挥其可能性而巧妙地利用其局限性。

事实上,一位建筑师是不会忘记他也是一位艺术家的"双重身份"的。在全面综合考虑并解决适用、坚固、经济、美观问题的同时,当前 3 个问题得到圆满解决的初步方案的时候,美观的问题,主要是建筑物的总的轮廓、姿态等问题,也应该基本上得到解决。

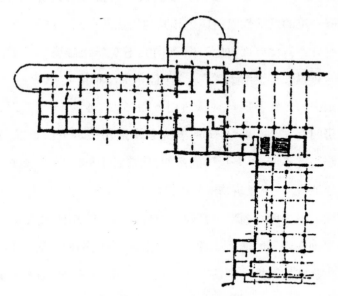

"结构网"示例(北京航空港部分平面)

"—·—·—"线就是一般看不见的"结构网"

当然，一座建筑物的美观问题不仅在它的总轮廓，还有各部分和构件的权衡、比例、尺度、节奏、色彩、表质和装饰等等，犹如一个人除了总的体格身段之外，还有五官、四肢、皮肤等，对于他的美丑也有极大关系。建筑物的每一细节都应当从艺术的角度仔细推敲，犹如我们注意一个人的眼睛、眉毛、鼻子、嘴、手指、手腕等等。还有脸上是否要抹一点脂粉，眉毛是否要画一画，这一切都是要考虑的。在设计推敲的过程中，建筑师往往用许多外景、内部、全貌、局部、细节的立面图或透视图，素描或者着色，或用模型，作为自己研究推敲或者向业主说明他的设计意图的手段。

当然，在考虑这一切的同时，在整个构思的过程中，一个社会主义的建筑师还必须时时刻刻绝不离开经济的角度去考虑，除了"多、快、好"之外，还必须"省"。

一个方案往往是经过若干个不同方案的比较后决定下来的。我们首都的人民大会堂、革命历史博物馆、美术馆等方案就是这样决定的。决定下来之后，还必须要进一步深入分析、研究，经过多次重复修改，才能做最后定案。

方案决定后，下一步就要做技术设计，由不同工种的工程师，首先是建筑师和结构工程师，以及其他各种——采暖、通风、照明、给水排水等设备工程师进行技术设计。在这阶段中，建筑物里里外外的一切，从房屋本身的高低、大小，每一梁、一柱、一墙、一门、一窗、一梯、一步、一花、一饰，到一切设备，都必须用准确的数字计算出来，画成图样。恼人的是，各种设备之间以及它们和结构之间往往是充满了矛盾的。许多管道线路往往会在墙壁里面或者顶棚上面"打架"，建筑师就

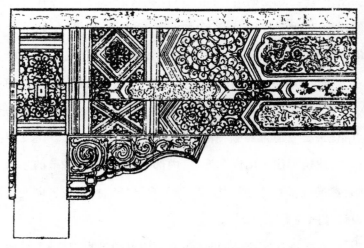

沥粉金琢墨石碾玉彩画（清式）

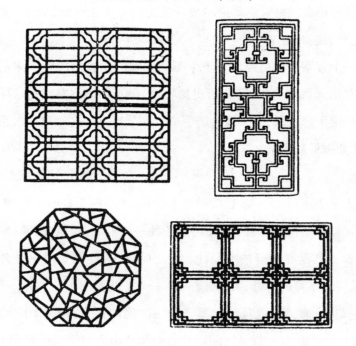

中国建筑中的几种窗格图案

必须会同各工种的工程师做"汇总"综合的工作,正确处理建筑内部矛盾的问题,一直到适用、结构、各种设备本身技术上的要求和它们的作用的充分发挥、施工的便利等方面都各得其所,互相配合,而不是互相妨碍、扯皮,然后绘制施工图。

施工图必须准确,注有详细尺寸。要使工人拿去就可以按图施工。施工图有如乐队的乐谱,有综合的总图,有如"总谱";也有不同工种的图,有如不同乐器的"分谱"。它们必须协调、配合。详细具体内容就不必多讲了。

设计制图不是建筑师唯一的工作。他还要对一切材料、做法编写详细的"做法说明书",说明某一部分必须用哪些哪些材料如何如何地做。他还要编订施工进度、施工组织、工料用量等等的初步估算,做出初步估价预算。必须根据这些文件,施工部门才能够做出准确的详细预算。

但是,他的设计工作还没有完。随着工程施工开始,他还需要配合施工进度,经常赶在进度之前,提供各种"详图"(当然,各工种也要及时地制出详图)。这些详图除了各部分的构造细节之外,还有里里外外大量细节(有时我们管它叫作"细部")的艺术处理、艺术加工。有些比较复杂的结构、构造和艺术要求比较高的装饰性细节,还要用模型(有时是"足尺"模型)来作为"详图"的一种形式。在施工过程中,还可能临时发现由于设计中或施工中的一些疏忽或偏差而使结构"对不上头"或者"合不上口"的地方,这就需要临时修改设计。请不要见笑,这等窘境并不是完全可以避免的。

除了建筑物本身之外,周围环境的配合处理,如绿化和装饰性的

栏杆柱头四种（清式）

附属"小建筑"（灯杆、喷泉、条凳、花坛乃至一些小雕像等等）也是建筑师设计范围内的工作。

就一座建筑物来说，设计工作的范围和做法大致就是这样。建筑是一种全民性的，体积最大，形象显著，"寿命"极长的"创作"。谈谈我们的工作方法，也许可以有助于广大的建筑使用者，亦即 6 亿 5000 万"业主"更多地了解这一行道，更多地帮助我们，督促我们，鞭策我们。

致——东北大学建筑系第一班毕业生信①

诸君！我在北平接到童先生和你们的信，知道你们就要毕业了。童先生叫我到上海来参与你们毕业典礼，不用说，我是十分愿意来的，但是实际上怕办不到，所以写几句话，权当我自己到了。聊以表示我对童先生和你们盛意的感谢，并为你们道喜！

在你们毕业的时候，我心中的感想正合俗语所谓"悲喜交集"四个字，不用说，你们已知道我"悲"的什么，"喜"的什么，不必再加解释了。

回想四年前，差不多正是这几天，我在西班牙京城，忽然接到一封电报，正是高惜冰先生发的，叫我回来组织东北大学的建筑系，我那时还没有预备回来，但是往返电商几次，到底回来了，我在八月中由西伯利亚回国，路过沈阳，与高院长一度磋商，将我在欧洲归途上拟好的草案讨论之后，就决定了建筑系的组织和课程。

我还记得上了头一课以后，有许多同学，有似晴天霹雳如梦初醒，才知道什么是"建筑"。有几位一听要"画图"，马上就溜之大吉，有几位因为"夜工"难做，慢慢的转了别系，剩下几位有兴趣而辛苦耐劳的，就是你们几位。

---

① 发表在《中国建筑》创刊号 1931 年 11 月。

我还记得你们头一张 Wash Plate，头一题图案，那是我们"筚路蓝缕，以启山林"的时代，多么有趣，多么辛苦，那时我的心情，正如看见一个小弟弟刚学会走路，在旁边扶持他，保护他，引导他，鼓励他，惟恐不周密。

后来林先生来了，我们一同看护小弟弟，过了他们的襁褓时期，那是我们的第一年。

以后陈先生，童先生和蔡先生相继都来了，小弟弟一天一天长大了，我们的建筑系才算发育到青年时期，你们已由二年级而三年级，而在这几年内，建筑系已无形中形成了我们独有的一种 Tradition，在东北大学成为最健全，最用功，最和谐的一个系。

去年六月底，建筑系已上了轨道，童先生到校也已一年，他在学问上和行政上的能力，都比我高出十倍，又因营造学社方面早有默约，所以我忍痛离开了东北，离开了我那快要成年的兄弟，正想再等一年，便可看他们出来到社会上做一分子健全的国民，岂料不久竟来了蛮暴的强盗，使我们国破家亡，弦歌中辍！幸而这时有一线曙光，就是在童先生领道之下，暂立偏安之局，虽在国难期中，得以赓续工作，这是我要跟着诸位一同向童先生致谢的。

现在你们毕业了，毕业二字的意义很是深长，美国大学不叫毕业，而叫"始业"Conmnencement 这句话你们也许已听了多遍，不必我再来解释，但是事实还是你们"始业"了，所以不得不郑重的提出一下。

你们的业是什么？你们的业就是建筑师的业。建筑师的业是什么？直接的说是建筑物之创造，为社会解决衣食住三者中住的问题，间接的说，是文化的记录者。是历史之反照镜，所以你们的问题是十分的繁难，你们的责任是十分的重大。

在今日的中国，社会上一般的人，对于"建筑"是什么，大半没有什

76

么了解，多以"工程"二字把它包括起来，稍有见识的，把它当土木一类，稍不清楚的，以为建筑工程与机械、电工等等都是一样，以机械电工问题求我解决的已有多起，以建筑问题，求电气工程师解决的，也时有所闻。所以你们"始业"之后，除去你们创造方面；四年来已受了深切的训练，不必多说外，在对于社会上所负的责任，头一样便是使他们知道什么是"建筑"，什么是"建筑师"。

现在对于"建筑"稍有认识，能将它与其他工程认识出来的，固已不多，即有几位其中仍有一部分对于建筑，有种种误解，不是以为建筑是"砖头瓦块"（土木），就以为是"雕梁画栋"纯美术，而不知建筑之真义，乃求其合用，坚固，美。前二者能圆满解决，后者自然产生，这几句话我已说了几百遍，你们大概早已听厌了。但我在这儿有机会，还要把它郑重的提出，希望你们永远记着，认清你的建筑是什么并且对于社会负有指导的责任，使他们对于建筑也有清晰的认识。

因为什么要社会认识建筑呢，因建筑的三元素中，首重合用。建筑的合用与否，与人民生活和健康，工商业的生产率，都有直接关系的，因建筑的不合宜，足以增加人民的死亡病痛，足以增加工商业的损失，影响重大，所以唤醒国人，保护他们的生命，增加他们的生产，是我们的义务，在平时社会状况之下，固已极为重要，在现在国难期中，尤为要紧，而社会对此，还毫不知道，所以是你们的责任，把他们唤醒。

为求得到合用和坚固的建筑，所以要有专门人才，这种专门人才，就是建筑师，就是你们！但是社会对于你们，还不认识呢，有许多人问我包了几处工程。或叫我承揽包工，他们不知道我们是包工的监督者，是业主的代表人，是业主的顾问，是业主权利之保障者，如诉讼中的律师或治病的医生，常常他们误认我们为诉讼的对方，或药铺的掌柜——认你为木厂老板,是一件极大的错误,这是你们所必须为他们矫正的误解。

非得社会对于建筑和建筑师有了认识,建筑才会得到最高的发达。所以你们负有宣传的使命,对于社会有指导的义务,为你们的事业,先要为自己开路,为社会破除误解,然后才能有真正的建设,然后才能发挥你们创造的能力。

你们创造力产生的结果是什么,当然是"建筑",不只是建筑,我们换一句说话,可以说是"文化的记录"——是历史,这又是我从前对你们屡次说厌了的话,又提起来,你们又要笑我说来说去都是这几句话,但是我还是要你们记着,尤其是我在建筑史研究者的立场上,觉得这一点是很重要的,几百年后,你我或如转了几次轮回,你我的作品,也许还供后人对 1932 年中国情形研究的资料,如同我们现在研究希腊罗马汉魏隋唐遗物一样。但是我并不能因此而告诉你们如何制造历史,因而有所拘束顾忌,不过古代建筑家不知道他们自己地位的重要,而我们对自己的地位,却有这样一种自觉,也是很重要的。

我以上说的许多话,都是理论,而建筑这东西并不如其他艺术,可以空谈玄理解决的,它与人生有密切的关系,处处与实用并行,不能相离脱,讲堂上的问题,我们无论如何使它与实际问题相似,但到底只是假的,与真的事实不能完全相同,如款项之限制;业主气味之不同;气候,地质,材料之影响;工人技术之高下;各城市法律之限制等等问题,都不是在学校里所学得到的,必须在社会上服务,经过相当的岁月,得了相当的经验,你们的教育才算完成,所以现在也可以说,是你们理论教育完毕,实际经验开始的时候。

要得实际经验,自然要为已有经验的建筑师服务,可以得着在学

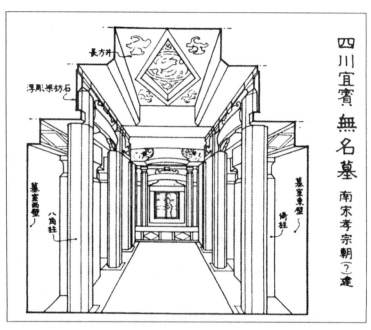

四川宜宾无名墓

校所不能得的许多教益，而在中国与青年建筑师以学习的机会的地方，莫如上海。上海正在要作复兴计划的时候，你们到上海来，也可以说是一种凑巧的缘分，塞翁失马，犹之你们被迫而到上海来，与你们前途，实有很多好处的。

现在你们毕业了，你们是东北大学第一班建筑学生，是"国产"建筑师的始祖，如一只新舰行下水典礼，你们的责任是何等重要，你们的前程是何等的远大！林先生与我两人，在此一同为你们道喜，遥祝你们努力，为中国建筑开一个新纪元！

梁思成

民国廿一年七月

闲话文物建筑的重修与维护①

今年 3 月,有机会随同文化部的几位领导同志以及茅以升先生重访阔别 30 年的赵州桥,还到同样阔别 30 年的正定去转了一圈。地方,是旧地重游;两地的文物建筑,却真有点像旧雨重逢了。对这些历史胜地、千年文物来说,30 年仅似白驹过隙;但对我们这一代人来说,这却是变化多么大——天翻地覆的 30 年呀! 这些文物建筑在这 30 年的前半遭受到令人痛心的摧残、破坏,但在这 30 年的后半——更准确地说,在这 30 年的后 10 年,也和祖国的大地和人民一道,翻了身,获得了新的"生命"。其中有许多已经更加健康、壮实,而且也显得"年轻"了。它们都将延年益寿,作为中华民族历史文化的最辉煌的典范继续发出光芒,受到我们子子孙孙的敬仰。我们全国的文物工作者在党和政府的领导下,在文物建筑的维护和重修方面取得的成就是巨大的。

30 年前,当我初次到赵县测绘久闻大名的赵州大石桥——安济桥的时候,兴奋和敬佩之余,看见它那危在旦夕的龙钟残疾老态,又不禁为之黯然怅惘。临走真是不放心,生怕一别即成永诀。当时,也曾为

---

① 本文原载《文物》1964 年第 7 期。——左川注

它试拟过重修方案。当然,在那时候,什么方案都无非是纸上谈兵、空中楼阁而已。

解放后,不但欣悉名桥也熬过了苦难的日子,而且也经受住了革命战火的考验;更可喜,不久,重修工作开始了;它被列入全国重点文物保护单位的行列。《小放牛》里歌颂的"玉石栏杆",在河底污泥中埋没了几百年后,重见天日了。古桥已经返老还童。我们这次还重验了重修图纸,检查了现状。谁敢说它不能继续雄跨洨河再一个1300年!

正定隆兴寺也得到了重修。大觉六师殿的瓦砾堆已经清除,转轮藏和慈氏阁都焕然一新了。整洁的伽蓝与30年前相比,更似天上人间。

在取得这些成就的同时,作为新中国的文物工作者,我们是否已经做得十全十美了呢?当然我们不会那样狂妄自大。我们完全知道,我们还是有不少缺点的。我们的工作还刚刚开始,还缺乏成熟的经验。怎样把我们的工作进一步提高?这值得我们认真钻研。不揣冒昧,在下面提出几个问题和管见,希望抛砖引玉。

整旧如旧与焕然一新

古来无数建筑物的重修碑记都以"焕然一新"这样的形容词来描绘重修的效果,这是有其必然的原因的。首先,在思想要求方面,古建筑从来没有被看作金石书画那样的艺术品,人们并不像尊重殷周铜器上的一片绿锈或者唐宋书画上的苍黯的斑渍那样去欣赏大自然在一些殿阁楼台上留下的烙印。其次是技术方面的要求,一座建筑物重修起来主要是要坚实屹立,继续承受岁月风雨的考验,结构上的要求是首要的。至于木结构上的油饰彩画,除了保护木材,需要更新外,还因剥脱部分,若只片片补画,将更显寒伧。若补画部分模仿原有部分的古香古色,不出数载,则新补部分便成漆黑一团。大自然对于油漆颜色的化学、物理作用是难以在巨大的建筑物上模拟仿制的。因此,重修的结果就必然是焕然一新了。"七七"事变以前,我曾跟随杨廷宝先生在北京试做过少量的修缮工作,当时就琢磨过这问题,最后还是采取了"焕然一新"的老办法。这已是将近30年前的事了,但直至今天,我还是认为把一座古文物建筑修得焕然一新,犹如把一些周鼎汉镜用擦铜油擦得油光晶亮一样,将严重损害到它的历史、艺术价值。这也是一个形式与内容的问题。我们究竟应该怎样处理?有哪些技术问题需要解决?很值得深入地研究一下。

在砖石建筑的重修上,也存在着这问题。但在技术上,我认为是比较容易处理的。在赵州桥的重修中,这方面没有得到足够的重视,这不能说不是一个遗憾。

我认为在重修具有历史、艺术价值的文物建筑中,一般应以"整旧如旧"为我们的原则。这在重修木结构时可能有很多技术上的困难,但在重修砖石结构时,就比较少些。

就赵州桥而论,重修以前,在结构上,由于28道并列的券向两侧倾离,只剩下23道了,而其中西面的3道,还是明末重修时换上的。当中的20道,有些石块已经破裂或者风化;全桥真是危乎殆哉。但在外表形象上,即使是明末补砌的部分,都呈现苍老的面貌,石质则一般还很坚实。两端桥墩的石面也大致如此。这些石块大小都不尽相同,砌缝有些参嵯,再加上千百年岁月留下的痕迹,赋予这桥一种与它的高龄相适应的"面貌",表现了它特有的"品格"和"个性"。作为一座古建筑,它的历史性和艺术性之表现,是和这种"品格""个性""面貌"分不开的。

在这次重修中,要保存这桥外表的饱经风霜的外貌是完全可以办到的。它的有利条件之一是桥券的结构采用了我国发券方法的一个古老传统,在主券之上加了缴背(亦称伏)一层。我们既然把这层缴背改为一道钢筋混凝土拱,承受了上面的荷载,同时也起了搭牵住下面28 道平行并列的单券的作用,则表面完全可以用原来券面的旧石贴面。即使旧券石有少数要更换,也可以用桥身他处拆下的旧石代替,或者就在旧券石之间,用新石"打"几个"补丁",使整座桥恢复"健康"、坚固,但不在面貌上"还童""年轻"。今天我们所见的赵州桥,在形象上绝不给人以高龄 1300 岁的印象,而像是今天新造的桥——形与神不相称。这不能不说是美中不足。

与此对比,山东济南市去年在柳埠重修的唐代观音寺(九塔寺)塔是比较成功的。这座小塔已经很残破了。但在重修时,山东的同志们采取了"整旧如旧"的原则。旧的部分除了从内部结构上加固,或者把外面走动部分"归安"之外,尽可能不改,也不换料。补修部分,则用旧砖补砌,基本上保持了这座塔的"品格"和"个性",给人以"老当益壮",而不是"还童"的印象。我们应该祝贺山东的同志们的成功,并表示敬意。

一切经过试验

在九塔寺塔的重修中,还有一个好经验,值得我们效法。

9个小塔都已残破,没有一个塔刹存在。山东同志们在正式施工以前,在地面、在塔上,先用砖干摆,从各个角度观摩,看了改,改了看,直到满意才定案,正式安砌上去。这样的精神值得我们学习。

诚然,9座小塔都是极小的东西,做试验很容易;像赵州桥那样庞大的结构,做试验就很难了。但在赵县却有一个最有利的条件。西门外金代建造的永通桥(也是全国重点保护文物),真是"天造地设"的"试验室"。假使在重修大桥以前,先用这座小桥试做,从中吸取经验教训,那么,现在大桥上的一些缺点,也许就可以避免了。

毛主席指示我们"一切要通过试验",在文物建筑修缮工作中,我们尤其应该牢牢记住。

古为今用与文物保护

我们保护文物,无例外地都是为了古为今用,但用之之道,则各有不同。

有些本来就是纯粹的艺术作品,如书画、造像等,在古代就只作观赏(或膜拜,但膜拜也是"观赏"的一种形式)之用;今用也只供观赏。在建筑中,许多石窟、碑碣、经幢和不可登临的实心塔,如北京的天宁寺塔、妙应寺白塔、赵县柏林寺塔等属于此类。有些本来有些实际用处,但今天不用,而只供观赏的,如殷周鼎爵、汉镜、带钩之类。在建筑中,正定隆兴寺的全部殿、阁,北京天坛祈年殿、皇穹宇等属于此类。当然,这一类建筑,今天若硬要给它"分配"一些实际用途,固然未尝不可,但一般说来,是难以适应今天的任何实际需要的功能的。就是北京故宫,尽管被利用为博物馆,但绝不是符合现代博物馆的要求的博物馆。但从另一角度说，故宫整个组群本身却是更主要的被"展览"的文物。上面所列举的若干类文物和建筑之为今用，应该说主要是为供观赏之用。当然我们还对它进行科学研究。

另外还有一类文物，本身虽古，具有重要的历史、艺术价值，但直至今天，还具有重要实用价值的。全国无数的古代桥梁是这一类中最突出的实例。虽然许多园林中也有许多纯粹为点缀风景的桥，但在横跨河流的交通孔道上的桥，主要的乃至唯一的目的就是交通。赵县西门外永通桥，尽管已残破歪扭，但就在我们在那里视察的不到一小时的时间内，就有五六辆载重汽车和更多的大车从上面经过。重修以前的安济桥也是经常负荷着沉重的交通流量的。

而现在呢，崭新的桥已被"封锁"起来了。虽然旁边另建了一道便桥，但行人车马仍感不便。其实在重修以前，这座大石桥，和今天西门外的小石桥一样，还是经受着沉重的负荷的。现在既然"脱胎换骨"，十分健壮，理应能更好地为交通服务。假使为了慎重起见，可使载重汽车载重兽力车绕行便桥，一般行人、自行车、小型骡马车、牲畜、小汽车等，还是可以通行的。桥不是只供观赏的。重修之后，古桥仍须为今用——同时发挥它作为文物建筑和作为交通桥梁的双重的，既是精神的，又是物质的作用。当然在保护方面，二者之间有矛盾。负责保管这桥的同志只能妥筹办法，而不能因噎废食。

文物建筑不同于其他文物，其中大多在作为文物而受到特殊保护之同时，还要被恰当地利用。应当按每一座或每一组群的具体情况拟订具体的使用和保护办法，还应当教育群众和文物建筑的使用者尊重、爱护。

涂脂抹粉与输血打针

几千年的历史给我们留下了大量的文物建筑。国务院在 1961 年已经公布了第一批全国重点文物保护单位。在我国几千年历史中,文物建筑第一次真正受到政府的重视和保护。每年国家预算都拨出巨款为修缮、保管文物建筑之用。即使在遭受连年自然灾害的情况下,文物建筑之修缮保管工作仍得到不小的款额。这对我们是莫大的鼓舞。这些钱从我们手中花出去,每一分钱都是工人、农民同志的汗水的结晶,每一分钱都应该花得"铛铛"地响——把钢用在刀刃上。

问题在于,在文物建筑的重修与维护中,特别是在我国目前经济情况下,什么是"刀刃"?"刀刃"在哪里?

我们从历代祖先继承下来的建筑遗产是一份珍贵的文化遗产,但同时也是一个分量不轻的"包袱"。它们绝大部分都是已经没有什么实用价值的东西;它们主要的甚至唯一的价值就是历史或者艺术价值。它们大多数是几千几百年的老建筑;有砖石建筑、有木构房屋;有些还比较硬朗、结实,有些则"风烛残年",危在旦夕。对它们进行维修,需要相当大的财力、物力。而在人力方面,按比例说,一般都比新建要投入大得多的工作和时间。我们的主观愿望是把有价值的文物建筑全部修好。但"百废俱兴"是不可能的。除了少数重点如赵县大石桥、北京故宫、敦煌莫高窟等能得到较多的"照顾"外,其他都要排队,分别轻重缓急,逐一处理。但同时又须意识到,这里面有许多都是危在旦夕的"病号",必须准备"急诊"、随时抢救。抢救需要"打强心针""输血",使"病号""苟延残喘",稳定"病情",以待进一步恢复"健康"。对一般的砖石建筑来说,除去残破严重的大跨度发券结构(如重修前的赵县大石桥和目前的小石桥)外,一般都是"慢性病",多少还可以"带病延年",急需抢救的不多。但木构架建筑,主要构材(如梁、柱)和结构关键(如脊或檩)的开始蛀蚀腐朽,如不及时"治疗","病情"就会迅速发展,很快就"病入膏肓",救治就越来越困难了。无论我们修缮文物建筑的经费有多少,必然会少于需要的款额或材料、人力的。这种分别轻重缓急、排队逐一处理的情况都将长期存在。因此,各地文物保管部门的重要工作之一就在及时发现这一类急需抢救的建筑和它们"病症"的关键,及时抢修,防止其继续破坏下去,去把它稳定下来,如同"输血""打强心针"一样,而不应该"涂脂抹粉",做表面文章。

正定隆兴寺除了重修了转轮藏和慈氏阁之外,还清除了大觉六师殿遗址的瓦砾堆,将原来的殿基和青石佛坛清理出来,全寺环境整洁,这是很好的。但摩尼殿的木构柱梁(过去虽曾一度重修)有许多已损坏到岌岌可危的程度,戒坛也够资格列入"危险建筑"之列了。此外,正定城内还有若干处急需保护以免继续破坏下去的文物建筑。今年度正定分到的维修费是不太多的,理应精打细算,尽可能地做些"输血""打针"的抢救工作。但我们所了解到的却是以经费中很大部分去做修补大觉六师殿殿基和佛坛的石作。这是一个对于文物建筑的概念和保护修缮的基本原则的问题。古埃及、古希腊、古罗马的建筑遗物绝大多数是残破不全的,修缮工作只限于把倾倒坍塌的原石归安本位,而绝不应为添制新的部分。即使有时由于结构的必需而"打"少数"补丁",亦仅是由于维持某些部分使不致拼不拢或者搭不起来,不得已而为之。大觉六师殿殿基是一个残存的殿基,而且也只是一个残存的殿基。它不同于转轮藏和慈氏阁，丝毫没有修补或再加工的必要。在这里，可以说钢是没有用在刀刃上了。这样的做法，我期期以为不可，实在不敢赞同。

正定城内很值得我们注意的是开元寺钟楼。许多位同志都认为这座钟楼，除了它上层屋顶外，全部主要构架和下檐都是唐代结构。这是一座很不惹人注意的小楼。我们很有条件参照下檐斗拱和檐部结构，并参考一些壁画和实物，给这座小楼恢复一个唐代样式屋顶，在一定程度上恢复它的本来面目。以我们所掌握的对唐代建筑的知识，肯定能够取得"虽不中亦不远矣"的效果，总比现在的样子好得多。估计这项工程所费不大，是一项"事半功倍"的值得做的好事。同时，我们也可以借此进行一次试验，为将来复修或恢复其他唐代建筑的工作取得一点经验。我很同意同志们的这些意见和建议。这座钟楼虽然不是需要"输血打针"的"重病号"，但也可以算是值得"用钢"的"刀刃"吧。

红花还要绿叶托

一切建筑都不是脱离了环境而孤立存在的东西。它也许是一座秀丽的楼阁，也许是一座挺拔的宝塔，也许是平铺一片的纺织厂，也许是4根、6根大烟囱并立的现代化热电站，但都不能"独善其身"。对人们的生活，对城乡的面貌，它们莫不对环境发生一定影响；同时，也莫不受到环境的影响。在文物建筑的保管、维护工作中，这是一个必须予以考虑的方面。文化部规定文物建筑应有划定的保管范围，这是完全必要的。对于划定范围的具体考虑，我想补充几点。除了应有足够的范围,便于保管外,还应首先考虑到观赏的距离和角度问题。范围不可太小,必须给观赏者可以从至少一个角度或两三个角度看见建筑物全貌的足够距离,其中包括便于画家和摄影家绘画、摄影的若干最好的角度。

其次是绿化问题。文物建筑一般最好都有些绿化的环境。但绿化和观赏可能发生矛盾,甚至对建筑物的保护也可能发生矛盾。去年到蓟县看见独乐寺观音阁周围种树离阁太近了,而且种了三四排之多。这些树长大后不仅妨碍观赏,而且树枝会和阁身"打架",几十年后还可能挤坏建筑;树根还可能伤害建筑物的基础。因此,绿化应进行设计:大树要离建筑物远些,要考虑将来成长后树形与建筑物体形的协调;近处如有必要,只宜种些灌木,如丁香、刺梅之类。

残破低矮的建筑遗址,有些是需要一些绿化来衬托衬托的,但也不可一概而论。正定隆兴寺北半部已有若干棵老树,但南半部大觉六师殿址周围就显得秃了些。六师殿址前后若各有一对松柏一类的大树,就会更好些。殿址之北,摩尼殿前的东西配殿遗址,现在用柏树篱一周围起,就使人根本看不到殿址了。这里若用树篱,最好只种三面,正面要敞开,如同 3 扇屏风,将殿基残址衬托出来。

绿化如同其他艺术一样,也有民族形式问题。我国传统的绿化形式一般都采取自然形式。西方将树木剪成各种几何形体的办法,一般是难与我国环境协调,枯燥无味的。但我们也不应一概拒绝,例如在摩尼殿前配殿基址就可以用剪齐的树屏风。但有些在地面上用树木花草摆成几何图案,我是不敢赞同的。

有若无，实若虚，大智若愚

在重修文物建筑时，我们所做的部分，特别是在不得已的情况下，我们加上去的部分，它们在文物建筑本身面前，应该采取什么样的态度，是我们应该正确认识的问题。这和前面所谈"整旧如旧"事实上是同一问题。

游故宫博物院书画馆的游人无不痛恨乾隆皇帝。无论什么唐、宋、元、明的最珍贵的真迹上，他都要题上冗长的歪诗，打上他那"乾隆御览之宝""古稀天子之宝"的图章。他应被判为一名破坏文物的罪在不赦的罪犯。他在爱惜文物的外衣上，拼命地表现自己。我们今天重修文物建筑时，可不要犯他的错误。

前一两年曾见到龙门奉先寺的保护方案，可以借来说明我的一些看法。

奉先寺卢舍那佛一组大像原来是有木构楼阁保护的，但不知从什么时候起（推测甚至可能从会昌灭法时），就已经被毁。一组大像露天危坐已经好几百年，已经成为人们脑子里对于龙门石窟的最主要的印象了。但今天，我们不能让这组中国雕刻史中最重要的杰作之一继续被大自然损蚀下去，必须设法保护，不使再受日晒雨淋。给它做一些掩盖是必要的。问题在于做什么？和怎样做？

见到的几个方案都采取柱廊的方式。这可能是最恰当的方式。这解决了"做什么"的问题。

至于怎样做，许多方案都采用了粗壮有力的大石柱，上有雕饰的柱头，下有华丽的柱础；柱上有相当雄厚的檐子。给人的印象略似北京人民大会堂的柱廊。唐朝的奉先寺装上了今天常见的大礼堂或大剧院的门面！这不仅"喧宾夺主"，使人们看不见卢舍那佛的组像，而且改变了龙门的整个气氛。我们正在进行伟大的社会主义建设，在建设中我们的确应该把中国人民的伟大气概表达出来。但这应该表现在长江大桥上，在包钢、武钢上，在天安门广场、长安街、人民大会堂、革命历史博物馆上，而不应该表现在龙门奉先寺上。在这里，新中国的伟大气概要表现在尊重这些文物、突出这些文物。我们所做的一切维修部分，在文物跟前应当表现得十分谦虚，只做小小"配角"，要努力做到"无形中"把"主角"更好地衬托出来，绝不应该喧宾夺主影响主角地位。这就是我们伟大气概的伟大的表现。

在古代文物的修缮中，我们所做的最好能做到"有若无，实若虚，大智若愚"，那就是我们最恰当的表现了。

解放以来，负责保管和维修文物建筑的同志们已经做了很多出色的工作，积累了很多经验，而我自己在具体设计和施工方面却一点也没有做。这次到赵县、正定走马观花一下，回来就大发谬论，累牍盈篇，求全责备，吹毛求疵，实在是荒唐狂妄至极。只好借杨大年一首诗来为自己开脱。诗曰：

> 鲍老当筵笑郭郎，笑他舞袖太郎当；
> 若教鲍老当筵舞，定比郎当舞袖长！

致梅贻琦的信①

月涵我师：

　　母校工学院成立以来，已十余载，而建筑学始终未列于教程。国内大学之有建筑系者，现仅中大、重大两校而已。然而居室为人类生活中最基本需要之一，其创始与人类文化同古远，无论在任何环境之下，人类不可无居室。居室与民生息息相关，小之影响个人身心之健康，大之关系作业之效率，社会之安宁与安全。数千年来，人类生活程度随文化之进展而逐渐提高，营造技术亦随之演变。最近十年间，欧美生活方式又臻更高度之专门化、组织化、机械化。今后之居室将成为一种居住用之机械，整个城市将成为一个有组织之 Working mechanism，此将来营建方面不可避免之趋向也。我国虽为落后国家，一般人民生活方式虽尚在中古阶段，然而战后之迅速工业化，殆为必由之径，生活程度随之提高，亦为必然之结果，不可不预为准备，以适应此新时代之需要也。

　　然而我国社会，虽所谓智识阶级，对于居室之重要性且素乏认识，甚至不知建筑与土木工程之别者。殊不知建筑与土木工程虽均以相

　　①　梅贻琦原清华大学校长。此信写于 1945 年 3 月 9 日。

类似之物料为其工作 medium，但其所解决问题之本身则相去甚远。建筑所解决者为居住者生活方式所发生之问题，自个人私生活之习惯，家庭之组织，以至团体或机关组织办事之方式，以至一工厂生产之程序，皆需要不同之建筑部署，以适应各个不同之用途。而土木工程所解决者，则较为间接，如公路、铁路、水利等等问题是也。

抑近代生活方式所影响者非仅一个，或数个一组之建筑物而已，由万千个建筑物合组而成之近代都市已成为一个有机性之大组织。都市设计已非如昔日之为开辟街道问题或清除贫民窟问题。社会主义之苏联认为都市设计之目的在促成最高之生产量；英美学者则以为在使市民得到身心上最高度之愉乐与安适。其目的乃在求此大组织中每部分每项工作之各得其所，实为一社会经济政治问题之全盘合理部署，而都市中一切建置之合理部署实为使近代生活可能之物体基础。在原则上一座建筑物之设计与多数建筑物之设计并无区别。故都市设计，实即建筑设计之扩大，实二而一者也。

抗战军兴以还，各地城市摧毁已甚，将来盟军登陆，国军反攻之时，且将有更猛烈之破坏，战区城市将尽成废墟，及失地收复之后，立即有复兴焦土之艰巨工作随之而至；由光明方面着眼，此实改善我国都市之绝好机会。举凡住宅、分区、交通、防空等等问题，皆可予以通盘筹划，预为百年大计，其影响于国计民生者巨，而工作亦非短期所能完成者。英苏等国，战争初发，战争破坏方始，即已着手战后复兴计划。反观我国，不惟计划全无，且人才尤为缺少。而我国情形，更因正在工业化之程序中，社会经济环境变动剧烈，乃至在技术及建筑材料方面，亦均具有其所独有之问题。工作艰巨，倍蓰英苏，所需人才，当以万计。古谚虽诫"毋临渴而掘井"，but it's better late than never。为适应此急需计,我国各大学实宜早日添授建筑课程,为国家造就建设人才,今后数十年间,全国人民居室及都市之改进,生活水准之提高,实有待于此辈人才之养成也。即是之故,受业认为母校有立即添设建筑系之必要。

在课程方面,生以为国内数大学现在所用教学方法即英美曾沿用数十年之法国 Ecole des Beaux-Arts 式之教学法颇嫌陈旧,过于着重派别形式,不近实际。今后课程宜参照德国 Prof Walter Gropius 所创之Bauhaus 方法,着重于实际方面,以工程地为实习场,设计与实施并重,以养成富有创造力之实用人才。德国自纳粹专政以还,Gropius 教授即避居美国,任教于哈佛,哈佛建筑学院课程,即按 G·教授 Bauhaus方法改编者,为现代美国建筑学教育之最前进者,良足供我借鉴。

在组织方面,哈佛、麻工、哥伦比亚等均有独立之建筑学院,内分建筑系、建筑工程、都市计划、庭园、户内装饰等系。为适应将来广大之需求,建筑学院之设立固有其必要。然在目前情形之下,不如先在工学院添设建筑系之为妥。建筑系设备简单,创立较易,其中若干课门,如基本理化及数学力学等,因无须另行添设课程,即关于土木工程方面者,亦可与土木系共同上课;其须另行添聘者仅建筑设计及绘塑艺术史等课教员;在设备方面,目前仅须购置书籍及少数绘画用石膏模型即可,在工学院中,实最轻而易举。为此建议母校于最近之可能期间,筹设建筑学系,其建筑设计学教授则宜延聘现在执业富于创造力之建筑师充任,以期校中课程与实际建筑情形经常保持接触。一俟战事结束,即宜酌量情形,成立建筑学院,逐渐分添建筑工程,都市计划,庭园计划,户内装饰等系。营国筑室,古代尚设专官,使民安居,然后可以乐业,为解决将来之营国筑室问题计,专门建筑人才之养成实目前亟须注意之一大问题。此项责任，我母校实应挺出负担，责无旁贷。受业忝受校恩，爱护母校，今既有感于中，敢不冒昧直陈，敬乞

予以考虑，幸甚！幸甚！肃肃敬请

道安。

受业

梁思成谨肃

1945 年 3 月 9 日

芬奇——具有伟大远见的建筑工程师①

　　《最后的晚餐》和《蒙娜丽莎》像,这两幅文艺复兴全盛时期的名画,是每一个艺术学生所认识的杰作,因此每一个艺术学生都熟识它们的作者——伟大的辽奥纳多·达·芬奇的名字。他不但是杰出的艺术家,而且是杰出的科学家。

　　达·芬奇青年时期的环境是意大利手工业生产最旺盛的文化发达的佛罗伦萨,他居留过十余年的米兰是以制造钢铁器和丝织著名的工业大城。从早年起,对于任何工作,达·芬奇就是不断地在自然现象中寻找规律,要在实践中认识真理,提高人的力量来克服自然,使它为生活服务。他反对当时教会的迷信愚昧,也反对当时学究们的抽象空洞的推论。他认为"不从实验中产生的科学都是空的、错误的;实验是一切真实性的源泉",并说:"只会实行而没有科学的人,正如水手航海而没有舵和指南针一样。实践必须永远以健全的理论为基础。"他一生的工作都是依据了这样的见解而进行的。

　　关于达·芬奇在艺术和自然科学方面的贡献,已有很多专文,本文只着重介绍他在土木工程和建筑范围内所进行的活动和所主张的

---

　　① 本文原载 1952 年 5 月 3 日《人民日报》由梁思成与林徽因合写。

方向。

在建筑方面，达·芬奇同他的前后时代大名鼎鼎的建筑师们是不相同的。虽然他的名字常同文艺复兴大建筑师们相提并列，但他并没有一个作品如教堂或大厦之类留存到今天，除却一处在法国布洛阿宫尚无法证实而非常独特的螺旋楼梯之外。不但如此，研究他的史料的人都还知道他的许多设计，几乎每个都不曾被采用；而部分接受他的意见的工程，今天或已不存在或无确证可以证明哪一部分曾用过他的设计或建议的。但是他在工程和建筑方面的实际影响又是不可否认的。在他同时代和较晚的记录上，他的建筑师地位总是受到公认的。这问题在哪里呢？在于他的建筑上和工程上的见解和他的其他许多贡献一样，是远远地走在时代的前面的先驱者的远见。他的许多计划之所以不能实现，正是因为它们远远超过了那时代的社会制度和意识，超过了当时意大利封建统治者的短视和自私自利的要求，为他们所不信任，所忽视或阻挠。当时的许多建筑设计，由指派建筑师到选择和决定，大都是操在封建贵族手中的。而在同行之间，由于达·芬奇参加监修许多的工程和竞选过设计，且做过无数草图和建议，他的杰出的理论和方法，独创的发明，得以传播就都有了很大的影响。

达·芬奇是在画师门下学习绘画的，但当时的画师常擅长雕刻并且或能刻石，或能铸铜，又常须同建筑师密切合作，自己多半也都是能作建筑设计的建筑师。他们都是一切能自己动手的匠师。在这样的时代里成长的达·芬奇，他的才艺的多面性本不足惊奇，可异的是在每一部分的工作中，他的深入的理解和全面性的发展都是他的后代在数十年乃至数世纪中，汇集了无数人的智慧才逐渐达到的。而他却早就有远见地勇敢地摸索前进，不断地研究、尝试和计划过。

达·芬奇对建筑工程的理解是超过一般人局限于单座建筑物的形式部署和建造的。虽然在达·芬奇的时代,最主要建筑活动是设计穹隆顶的大教堂和公侯的府邸等,以艺术的布局和形式为重点,且以雕石、刻像的富丽装璜为主要工作;但达·芬奇所草拟过的建筑工程领域却远超过这个狭隘的范围。他除了参加竞赛设计过教堂建筑,如米兰和帕维亚大教堂、佛罗伦萨的圣罗伦索的立面等;监修过米兰的堡垒和公爵府内部;设计并负责修造过小纪念室和避暑庄园中小亭子之外,他所自动提出的建筑设计的范围极广,种类很多,且主要都是以改善生活为目标的。例如他尽心地设计改善卫生的公厕和马厩;设计并详尽地绘制了后来在荷兰才普遍的水力风车的碾房的图样;他建议设计大量标准工人住宅;他做了一个志在消除拥挤和不卫生环境的庞大的米兰城改建的计划;他曾设计并监修过好几处的水利工程、灌溉水道,最重要的,如佛罗伦萨和比萨之间的运河。他为阿尔诺河绘制过美丽而详细的地图,建议控制河的上下游,以便利许多可以利用水力作为发动力的工业;他充满信心地认为这是可以同时繁荣沿河几个城市的计划。这个策划正是今天最进步的计划经济中的"区域计划"的先声。

都市计划和区域计划都是达·芬奇去世四百多年以后,二十世纪的人们才提出解决的建筑问题。他的计划就是在现在也只有在先进的社会主义国家里才有力量认真实行和发展的。在十五六世纪的年代里,他的一切建筑工程计划或不被采用,或因得不到足够和普遍的支持,半途而废,是可以理解的。但达·芬奇一生并不因计划受挫,或没有实行,而失掉追求真理和不断作理智策划的勇气。直到他的晚年,在逝世以前,他在法国还做了鲁尔河和宋河间运河的计划,且目的在灌溉、航运、水利三方面的利益。对于改造自然，和平建设，他是具有无比信心的。

达·芬奇的都市计划的内容中，项目和方向都是正确的，它是由实际出发，解决最基本的问题的。虽受当时的社会制度和条件的限制，但主要是要消除城市的拥挤所造成的疾病，不卫生，不安宁和不愉快的环境。公元1484—1486年间米兰鼠疫猖狂的教训，使他草拟了他的改建米兰的计划。达·芬奇大胆地将米兰分划为若干区，为减少人口的密度，喧哗嘈杂，疾病的传播，恶劣的气味和其他不卫生情形，他建议建造十个城区，每城区房屋五千，人口三万。他建议把城市建置在河岸或海边，以便设置排泄污水垃圾的暗沟系统，利用流水冲洗一切脏垢到河内。他建议设置街巷上的排水明沟和暗沟衔接，以免积存雨水和污物；建造规格化的工人住宅，建造公厕，改革市民的不卫生的习惯，注意烟囱的构造，将烟和臭气驱逐出城；且为保证市内空气和阳光，街道的宽度和房屋的高度要有一定的比例。在十五六世纪间，都市建设的重点在防御工程，城市的本身往往被视为次要的附属品，达·芬奇生在意大利各城市时常受到统治者之间争夺战威胁的时代，他的职务很多次都是监修堡垒，加固防御工程，但他所关心的却是城市本身和平居民的生活。但当时愚昧自私的卢多维柯是充耳不闻，无心接受这种建议的。

对于建筑工业的发展方向，达·芬奇也有预见。近代的"预制房屋"，他就曾做过类似的建议。当他在法国乡镇的时候，木材是那里主要的建筑材料，因为是夏天行宫所在，有大量房屋的需要，他曾建议建造可移动的房屋，各部分先在城市作坊中预制，可以运至任何地点随时很快地制置起来。

达·芬奇的"区域计划"的例子,是修建佛罗伦萨和比萨之间的运河。他估计到这个水利工程可以繁荣那一带好几个城镇,如普拉图,皮斯托亚,比萨,佛罗伦萨本身乃至于卢卡。他相信那是可以促进许多工业生产的措施,因此他不但向地方行政负责方面建议,同时他也劝告工商行会给予支持。尤其是毛织业行会,它是佛罗伦萨最主要工业之一。达·芬奇认为还有许许多多手工业作坊都可以沿河建置,以利用水的动力,如碾坊、丝织业作坊、窑业作坊、镕铁、磨刀、做纸等作坊。他还特别提到纺丝可以给上百的女工以职业。用他自己的话说:"如果我们能控制阿尔诺河的上下游,每个人,如果他要的话,在每一公顷的土地上都可以得到珍宝"。他曾因运河中段地区有一处地势高起,设计过在不同高度的水平上航行的工程计划。十六世纪的传记家伐莎利说,达·芬奇每天都在制图或作模型,说明如何容易地可以移山开河!这正说明这位天才工程师是如何地确信人的力量能克服自然,为更美好的生活服务。这就是我们争取和平的人们要向他学习的精神。

此外,达·芬奇对个别建筑工程见解的正确性也应该充分提到。他在建筑的体形组织的艺术性风格之外,还有意识地着重建筑工程上两个要素:一是工具效率对于完善工程的重要;一是建筑的坚固和康健必须依赖自然科学知识的充实。这是多么正确和进步的见解。关于工具的重视,例如他在米兰的初期,正在做斯佛尔查铜像时,每日可以在楼上望见正在建造而永远无法完工的米兰大教堂,他注意到工人搬移石像、起运石柱的费力,也注意到他们木工用具效率之低,于是时常在他手稿上设计许多工具的图样,如掘地基和起石头的器具,铲子、锥子、搬土的手推车等等。十多年后,当他监修运河工程时,他观察到工人每挖一铲土所需要的动作次数,计算每工两天所能挖的土方。他自己设计了一种用牛力的挖土升降机,计算它每日上下次数和人力工作比较。这种以精确数字计算效率是到了近代才应用的方法,当时达·芬奇却已了解它在工程中的重要了。

关于工程和建筑的关系,他对于建筑工程的看法可以从他给米兰大教堂负责人的信中一段来代表他的见解。信中说:"就如同医生和护士需要知道人的生命和健康的性质,知道各种因素之平衡与和谐保持了人的生命和健康,或是各种因素之不和谐危害并毁灭它们一样……同样的,这个有病的教堂也需要这一切,它需要一个'医生建筑师',他懂得一个建筑物的性质,懂得正确建造方法所须遵守的法则,以及这些法则的来源与类别,和使一座建筑物存在并能永久的原因"。他是这样地重视"医生建筑师",而所谓"医生建筑师"的任务则是他那不倦地追求自然规律的精神。

在建筑的艺术作风方面,达·芬奇是在"哥特"建筑末期,古典建筑重新被发现被采用的时代,他的设计是很自然地把哥特结构的基础和古典风格相结合。他的作风因此非常近似于拜占廷式的特征——那个古典建筑和穹隆顶结合所产生的格式,以小型的穹隆顶衬托中心特大的穹隆圆顶。在豪放和装饰性方面,达·芬奇所倾向的风格都不是古罗马所曾有,也不同于后来文艺复兴的典型作风。例如他在米兰教堂和帕维亚教堂的设计中所拟的许多稿图,把各种可能的结合和变化都尝试了。他强调正十字形的平面,所谓"希腊十字形",而避免前部较长的"拉丁十字形"的平面。他明白正十字形平面更适合于穹隆顶的应用,无论从任何一面都可以瞻望教堂全部的完整性,不致被较长的一部所破坏。今天罗马圣彼得教堂就是因前部的过分扩充而受

1936年赴安阳参观考古发掘工作左梁思永　右梁思成

到损失的。达·芬奇在教堂设计的风格上,显示出他对体形组织也是极端敏感并追求完美的。至于他的幻想力的充沛,对结构原理的谙熟,就表现在戏剧布景、庆贺的会场布置和庭园部署等方面。他所做过的卓越的设计,许多曾是他所独创,而且是引导出后代设计的新发展。如果在法国布洛阿宫中的螺旋楼梯确是他所设计,我们更可以看出他对于螺旋结构的兴趣和他的特殊的作风;但因证据不足,我们不能这样断定。他在当时就设计过一个铁桥,而铁桥是到了十八世纪末叶在英国才能够初次出现。凡此种种都说明他是一个建筑和工程的天才;建筑工程界的先进的巨人。

和他的许多方面一样,达·芬奇在建筑工程的领域中,有着极广的知识和独到的才能。不断观察自然,克服自然,永有创造的信心,是他一贯的精神。他的理想和工作是人类文化的宝藏。这也就足以说明为什么在今天争取和平的世界里,我们要热烈地纪念他。

谈"博"而"精"①

　　每一个同学在毕业的时候都要成为一个秀才。但是我们应该怎样去理解"专"的意义呢？"专"不等于把自己局限在一个"牛角尖"里。党号召我们要"一专多能"，这"一专"就是"精"，"多能"就是"博"。既有所专而又多能，既精于一而又博学；这是我们每个人在求学上应有的修养。

　　求学问需要精，但是为了能精益求精，专得更好就需要博。"博"和"精"不是对立的，而是互相联系着的同一事物的两个方面。假使对于有联系的事物没有一定的知识，就不可能对你所要了解的事物真正地了解。特别是今天的科学技术越来越专门化，而每一专门学科都和许多学科有着不可分割的联系。因此，在我们的专业学习中，为了很好地深入理解某一门学科，就有必要对和它有关的学科具有一定的知识，否则想对本学科真正地深入是不可能的。这是一种中心和外围的关系，这样的"外围基础"是每一门学科所必不可少的。"外围基础"越宽广深厚，就越有利于中心学科之更精更高。

　　拿土建系的建筑学专业和工业与民用建筑专业来说，由于建筑是

---

　　① 　本文原载《新清华》1961 年 7 月 28 日第三版。——左川注

一门和人类的生产和生活关系最密切的技术科学,一切生产和生活的活动都必须有房屋,而生产和生活的功能要求是极其多样化的。因此,要使我们的建筑满足各式各样的要求,设计人就必须对这些要求有一定的知识;另一方面,人们对于建筑功能的要求是无止境的,科学技术的不断进步就为越来越大限度地满足这些要求创造出更有利的条件,有利的科学技术条件又推动人们提出更高的要求。如此循环,互为因果地促使建筑科学技术不断地向前发展。到今天,除了极简单的小型建筑可能由建筑师单独设计外,绝大多数建筑设计工作都必须由许多不同专业的工程师共同担当起来。不同工种之间必然存在着种种矛盾,因此就要求各专业工程师对于其他专业都有一定的知识,彼此了解工作中存在的问题,才能够很好地协作,使矛盾统一,汇合成一个完美的建筑整体。

1958年以来设计大剧院、科技馆、博物馆等几项巨型公共建筑,就是由若干系的十几个专业协作共同担当起来的。在这一次真刀真枪的协作中,工作的实际迫使我们更多地彼此了解。通过这一过程,各工种的设计人员对有关工种的问题有了了解,进行设计考虑问题也就更全面了;这就促使着自己专业的设计更臻完善。事实证明,"博"不但有助于"精",而且是"精"的必要条件。闭关自守、故步自封地求"精"就必然会陷入形而上学的泥坑里。

再拿建筑学这一专业来说。它的范围从一个城市的规划到个体建筑乃至细部装饰的设计。城市规划是国民经济和城市社会生活的反映,必须适应生产和生活的全面要求,因此要求规划设计人员对城市的生产和生活——经济和社会情况有深入的知识。每一座个体建筑也是由生产或者生活提出的具体要求而进行设计的。大剧院的设计人员就必须深入了解一座剧院从演员到观众，从舞台到票房，从声、光到暖、通、给排水、机、电以及话剧、京剧、歌舞剧、独唱、交响乐等等各方面的要求。建筑的工程和艺术的双重性又要求设计人员具有深入的工程结构知识和高度的艺术修养，从新材料新技术一直到建筑的历史传统和民族特征。这一切都说明"博"是"精"的基础，"博"是"精"的必要条件。为了"精"我们必须长期不懈地培养自己专业的"外围基础"。

必须明确：我们所要的"博"并不是漫无边际的无所不知、无所不晓。"博"可以从两个要求的角度去培养。一方面是以自己的专业为中心的"外围基础"的知识。在这方面既要提防漫无边际，又要提防兴之所至而引入歧途，过分深入地去钻研某一"外围"的问题，钻了"牛角尖"。另一方面是为了个人的文化修养的要求可以对于文学、艺术等方面进行一些业余学习。这可以丰富自己的知识，可以陶冶性灵，是劳逸结合的一种有效且有益的方法。党对这是非常重视的。解放以来出版的大量的文学、艺术图籍，美不胜数的电影、音乐、戏剧、舞蹈演出和各种展览会就是有力的证明。我们应该把这些文娱活动也看作培养我们身心修养的"博"的一部分。

从拖泥带水到干净利索①

"结合中国条件,逐步实行建筑工业化"。这是党给我们建筑工作者指出的方向。我们是不可能靠手工业生产方式来多快好省地建设社会主义的。

19 世纪中叶以后,在一些技术先进的国家里生产已逐步走上机械化生产的道路。唯独房屋的建造,却还是基本上以手工业生产方式施工。虽然其中有些工作或工种,如土方工程,主要建筑材料的生产、加工和运输,都已逐渐走向机械化;但到了每一栋房屋的设计和建造,却还是像千百年前一样,由设计人员个别设计,由建筑工人用双手将一块块砖、一块块石头,用湿淋淋的灰浆垒砌;把一副副的桁架、梁、柱,就地砍锯刨凿,安装起来。这样设计,这样施工,自然就越来越难以适应不断发展的生产和生活的需要了。

第一次世界大战后,欧洲许多城市遭到破坏,亟待恢复、重建,但人力、物力、财力又都缺乏,建筑师、工程师们于是开始探索最经济的建造房屋的途径。这时期,他们努力的主要方向在摆脱欧洲古典建筑的传统形式以及繁缛雕饰,以简化设计施工的过程,并且在艺术处理

---

① 本文原载 1962 年 9 月 9 日《人民日报》。

上企图把一些新材料、新结构的特征表现在建筑物的外表上。

第二次世界大战中，造船工业初次应用了生产汽车的方式制造运输船只，彻底改变了大型船只个别设计、个别制造的古老传统，大大地提高了造船速度。从这里受到启示，建筑师们就提出了用流水线方式来建造房屋的问题，并且从材料、结构、施工等各个方面探索研究，进行设计。"预制房屋"成了建筑界研究实验的中心问题。一些试验性的小住宅也试建起来了。

在这整个探索、研究、试验，一直到初步成功，开始大量建造的过程中，建筑师、工程师们得出的结论是：要大量、高速地建造就必须利用机械施工；要机械施工就必须使建造装配化；要建造装配化就必须将构件在工厂预制；要预制构件就必须使构件的型类、规格尽可能少，并且要规格统一，趋向标准化。因此标准化就成了大规模、高速度建造的前提。

标准化的目的在于便于工厂（或现场）预制，便于用机械装配搭盖，但是又必须便于运输；它必须符合一个国家的工业化水平和人民的生活习惯。此外，既是预制，也就要求尽可能接近完成，装配起来后就无须再加工或者尽可能少加工。总的目的是要求盖房子像孩子玩积木那样，把一块块构件搭在一起，房子就盖起来了。因此，标准应该怎样制订？就成了近20年来建筑师、工程师们不断研究的问题。

标准之制订，除了要从结构、施工的角度考虑外，更基本的是要从适用——亦即生产和生活的需要的角度考虑。这里面的一个关键就是如何求得一些最恰当的标准尺寸的问题。多样化的生产和生活需要不同大小的空间，因而需要不同尺寸的构件。怎样才能使比较少数的若干标准尺寸足以适应层出不穷的适用方面的要求呢？除了构件应按大小分为若干等级外,还有一个极重要的模数的问题。所谓"模数"就是一座建筑物本身各部分以及每一主要构件的长、宽、高的尺寸的最大公分数。每一个重要尺寸都是这一模数的倍数。只要在以这模数构成的"格网"之内,一切构件都可以横、直、反、正,上、下、左、右地拼凑成一个方整体,凑成各种不同长、宽、高比的房间,如同摆七巧板那样,以适应不同的需要。管见认为模数不但要适应生产和生活的需要,适应材料特征,便于预制和机械化施工,而且应从比例上的艺术效果考虑。我国古来虽有"材""分""斗口"等模数传统,但由于它们只适于木材的手工业加工和殿堂等简单结构,而且模数等级太多,单位太小,显然是不能应用于现代工业生产的。

建筑师们还发现仅仅使构件标准化还不够,于是在这基础上,又从两方面进一步发展并扩大了标准化的范畴。一方面是利用标准构件组成各种"标准单元",例如在大量建造的住宅中从一户一室到一户若干室的标准化配合、凑成种种标准单元。一幢住宅就可以由若干个这种或那种标准单元搭配布置。另一方面的发展就是把各种房间,特别是体积不太大而内部管线设备比较复杂的房间,如住宅中的厨房、浴室等,在厂内整体全部预制完成,做成一个个"匣子",运到现场,吊起安放在设计预定的位置上。这样,把许多"匣子"垒叠在一起,一幢房屋就建成了。

从工厂预制和装配施工的角度考虑,首先要解决的是标准化问题。但从运输和吊装的角度考虑,则构件的最大允许尺寸和重量又是不容忽视的。总的要求是要"大而轻"。因此,在吊车和载重汽车能力的条件下,如何减轻构件重量,加大构件尺寸,就成了建筑师、工程师,特别是材料工程师和建筑机械工程师所研究的问题。研究试验的结果：一方面是许多轻质材料，如矿棉、陶粒、泡沫矽酸盐、轻质混凝土等等和一些隔热、隔声材料以及许多新的高强轻材料和结构方法的产生和运用；一方面是各种大型板材（例如一间房间的完整的一面墙做成一整块，包括门、窗、管、线、隔热、隔声、油饰、粉刷等，一应俱全，全部加工完毕），大型砌块，乃至上文所提到的整间房间之预制，务求既大且轻。同时，怎样使这些构件、板材等接合，也成了重要的问题。

机械化施工不但影响到房屋本身的设计，而且也影响到房屋组群的规划。显然，参差错落，变化多端的排列方式是不便于在轨道上移动的塔式起重机的操作的（虽然目前已经有了无轨塔式起重机，但尚未普遍应用）。本来标准设计的房屋就够"千篇一律"的了，如果再呆板地排成行列式，那么，不但孩子，就连大人也恐怕找不到自己的家了。这里存在着尖锐的矛盾。在"设计标准化，构件预制工厂化，施工机械化"的前提下圆满地处理建筑物的艺术效果的问题，在"千篇一律"中取得"千变万化"，的确不是一个容易答解的课题，需要做巨大努力。我国前代哲匠的传统办法虽然可以略资借鉴，但显然是不能解决今天的问题的。但在其他技术先进的国家已经有了不少相当成功的尝试。

"三化"是我们多快好省地进行社会主义基本建设的方向。但"三化"的问题是十分错综复杂，彼此牵挂联系着的，必须由规划、设计、材料、结构、施工、建筑机械等方面人员共同研究解决。几千年来，建筑工程都是将原材料运到工地现场加工，"拖泥带水"地砌砖垒石，抹刷墙面、顶棚和门窗、地板的活路。"三化"正在把建筑施工引上"干燥"的道路。近几年来，我国的建筑工作者已开始做了些重点试验，如北京的民族饭店和民航大楼以及一些试点住宅等。但只能说在主体结构方面做到"三化",而在最后加工完成的许多工序上还是不得不用手工业方式"拖泥带水"地结束。"三化"还很不彻底,其中许多问题我们还未能很好地解决,目前基本建设的任务比较轻了。我们应该充分利用这个有利条件,把"三化"作为我们今后一段时间内科学研究的重点中心问题,以期在将来大规模建设中尽可能早日实现建筑工业化。那时候,我们的建筑工作就不要再拖泥带水了。

北京——都市计划的无比杰作①

　　人民中国的首都北京,是一个极年老的旧城,却又是一个极年轻的新城。北京曾经是封建帝王威风的中心,军阀和反动势力的堡垒,今天它却是初落成的,照耀全世界的民主灯塔。它曾经是没落到只能引起无限"思古幽情"的旧京,也曾经是忍受侵略者铁蹄践踏的沦陷城,现在它却是生气蓬勃地在迎接社会主义曙光中的新首都。它有丰富的政治历史意义,更要发展无限文化上的光辉。

　　构成整个北京的表面现象的是它的许多不同的建筑物,那显著而美丽的历史文物,艺术的表现;如北京雄劲的周围城墙,城门上嶙峋高大的城楼,围绕紫禁城的黄瓦红墙,御河的栏杆石桥,宫城上窈窕的角楼,宫廷内宏丽的宫殿,或是园苑中妩媚的廊庑亭榭,热闹的市心里牌楼店面,和那许多坛庙,塔寺,第宅,民居。它们是个别的建筑类型,也是个别的艺术杰作。每一类,每一座,都是过去劳动人民血汗创造的优美果实,给人以深刻的印象;今天这些都回到人民自己手里,我们对它们宝贵万分是理之当然。但是,最重要的还是这各种类型,各个或

---

① 本文原连载于 1951 年 4 月出版的《新观察》第二卷第七期和第八期。——左川注

各组的建筑物的全部配合；它们与北京的全盘计划整个布局的关系；它们的位置和街道系统如何相辅相成；如何集中与分布；引直与对称；前后左右，高下起落，所组织起来的北京的全部部署的庄严秩序，怎样成为宏壮而又美丽的环境。北京是在全盘的处理上才完整的表现出伟大的中华民族建筑的传统手法和在都市计划方面的智慧与气魄。这整个的体形环境增强了我们对于伟大的祖先的景仰，对于中华民族文化的骄傲，对于祖国的热爱。北京对我们证明了我们的民族在适应自然，控制自然，改变自然的实践中有着多么光辉的成就。这样一个城市是一个举世无匹的杰作。

我们承继了这份宝贵的遗产，的确要仔细的了解它——它的发展的历史、过去的任务，同今天的价值。不但对于北京个别的文物，我们要加深认识，且要对这个部署的体系提高理解，在将来的建设发展中，我们才能保护固有的精华，才不至于使北京受到不可补偿的损失。并且也只有深入的认识和热爱北京独立的和谐的整体格调，才能掌握它原有的精神来作更辉煌的发展，为今天和明天服务。

北京城的特点是热爱北京的人们都大略知道的。我们就按着这些特点分述如下。

我们的祖先选择了这个地址

北京在位置上是一个杰出的选择。它在华北平原的最北头，处于两条约略平行的河流的中间，它的西面和北面是一弧线的山脉围抱着，东面南面则展开向着大平原。它为什么坐落在这个地点是有充足的地理条件的。选择这地址的本身就是我们祖先同自然斗争的生活所得到的智慧。

北京的高度约为海拔五十公尺,地质学家所研究的资料告诉我们,在它的东南面比它低下的地区,四五千年前还都是低洼的湖沼地带。所以历史家可以推测,由中国古代的文化中心的"中原"向北发展,势必沿着太行山麓这条五十公尺等高线的地带走。因为这一条路要跨渡许多河流,每次便必须在每条河流的适当的渡口上来往。当我们的祖先到达永定河的右岸时,经验使他们找到那一带最好的渡口。这地点正是我们现在的卢沟桥所在。渡过了这个渡口之后,正北有一支西山山脉向东伸出,挡住去路,往东走了十余公里这支山脉才消失到一片平原里。所以就在这里,西倚山麓,东向平原,一个农业的民族建立了一个最有利于发展的聚落,当然是适当而合理的。北京的位置就这样的产生了。并且也就在这里,他们有了更重要的发展。同北面的游牧民族开始接触,是可以由这北京的位置开始,分三条主要道路通到北面的山岳高原和东北面的辽东平原的。那三个口子就是南口,古北口和山海关。北京可以说是向着这三条路出发的分岔点,这也成了今天北京城主要构成原因之一。北京是河北平原旱路北行的终点。又是通向"塞外"高原的起点。我们的祖先选择了这地方,不但建立一个聚落,并且发展成中国古代边区的重点,完全是适应地理条件的活动。这地方经过世代的发展,在周朝为燕国的都邑,称作蓟;到了唐是幽州城,节度使的府衙所在。在五代和北宋是辽的南京,亦称作燕京;在南宋是金的中都。到了元朝,城的位置东移,建设一新,成为全国政治的中心,就成了今天北京的基础。最难得的是明清两代易朝换代的时候都未经太大的破坏就又在旧基础上修建展拓,随着条件发展。到了今天,城中每段街、每一个区域都有着丰实的历史和劳动人民血汗的成绩。有纪念价值的文物实在是太多了。

（本节的主要资料是根据燕大侯仁之教授在清华的讲演"北京的地理背景"写成的。）

北京城近千年来的四次改建

一个城是不断的随着政治经济的变动而发展着改变着的，北京当然也非例外。但是在过去一千年中间，北京曾经有过四次大规模的发展，不单是动了土木工程，并且是移动了地址的大修建。对这些变动有个简单认识，对于北京城的布局形势便更觉得亲切。

现在北京最早的基础是唐朝的幽州城，它的中心在现在广安门外迤南一带。本为范阳节度使的驻地，安禄山和史思明向唐代政权进攻曾由此发动，所以当时是军事上重要的边城。后来刘仁恭父子割据称帝，把城中的"子城"改建成宫城的规模，有了宫殿。九三七年，北方民族的辽势力渐大，五代的石晋割了燕云等十六州给辽，辽人并不曾改动唐的幽州城，只加以修整，将它"升为南京"。这时的北京开始成为边疆上一个相当区域的政治中心了。

到了更北方的民族金人的侵入时，先灭辽，又攻败北宋，将宋的势力压缩到江南地区，自己便承袭辽的"南京"，以它为首都。起初金也没有改建旧城，——五一年才大规模的将辽城扩大，增建宫殿，意识地模仿北宋汴梁的形制，按图兴修。他把宋东京汴梁（开封）的宫殿范围和真定（正定）的潭圃木料拆卸北运，在此大大建设起来，称它做中都，这时的北京便成了半个中国的中心。当然，许多辉煌的建筑仍然是中都的劳动人民和技术匠人，承继着北宋工艺的宝贵传统，又创造出来的。在金人进攻掠夺"中原"的时候,"匠户"也是他们掳劫的对象,所以汴梁的许多匠人曾被迫随着金军到了北京,为金的统治阶级服务。金朝在北京曾不断的营建,规模宏大,最重要的还有当时的离宫,今天的中海北海。辽以后,金在旧城基础上扩充建设,便是北京第一次的大改建,但它的东面城墙还在现在的琉璃厂以西。

一二一五年元人破中都,中都的宫城同宋的东京一样遭到剧烈破坏,只有郊外的离宫大略完好。一二六〇年以后,元世祖忽必烈数次到金故中都,都没有进城而驻驿在离宫琼华岛上的宫殿里。这地方便成了今天北京的胚胎,因为到了一二六七年元代开始建城的时候,就以这离宫为核心建造了新首都。元大都的皇宫是围绕北海和中海而布置的,元代的北京城便围绕着这皇宫成一正方形。

这样,北京的位置由原来的地址向东北迁移了很多。这新城的西南角同旧城的东北角差不多接壤,这就是今天的宣武门迤西一带。虽然金城的北面在现在的宣武门内,当时元的新城最南一面却只到现在的东西长安街一线上,所以两城还隔着一个小距离。主要原因是当元建新城时,金的城墙还没有拆掉之故。元代这次新建设是非同小可的,城的全部是一个完整的布局。在制度上有许多仍是承袭中都的传统,只是规模更大了。如宫门楼观,宫墙角楼,护城河,御路,石桥,千步廊的制度,不但保留中都所有,且超过汴梁的规模。还有故意恢复一些古制的,如"左祖右社"的格式,以配合"前朝后市"的形势。

这一次新址发展的主要存在基础不仅是有天然湖沼的离宫和它优良的水潭,还有极好的粮运的水道。什刹海曾是航运的终点,成了重要的市中心。当时的城是近乎正方形的,北面在今日北城墙外约两公里,当时的鼓楼位置便在全城的中心点上,在今什刹海北岸。因为船只可以在这一带停泊，钟鼓楼自然是那时热闹的商市中心。这虽是地理条件所形成，但一向许多人说到元代北京形制，总以这"前朝后市"为严格遵循古制的证据。元时建的尚是土城，没有砖面，东，西，南，每面三门；唯有北面只有两门，街道引直，部署井然。当时分全市为五十坊，鼓励官吏人民从旧城迁来。这便是辽以后北京第二次的大改变。它的中心宫城基本上就是今天北京的故宫与北海中海。

一三六八年明太祖朱元璋灭了元朝，次年就"缩城北五里"，筑了今天所见的北面城墙。原因显然是本来人口就稀疏的北城地区，到了这时，因航运滞塞，不能达到什刹海，因而更萧条不堪，而商业则因金的旧城东壁原有的基础渐在元城的南面郊外繁荣起来。元的北城内地址自多旷废无用，所以索性缩短五里了。

明成祖朱棣迁都北京后，因衙署不足，又没有地址兴修，一四一九年便将南面城墙向南展拓，由长安街线上移到现在的位置。南北两墙改建的工程使整个北京城约略向南移动四分之一，这完全是经济和政治的直接影响。且为了元的故宫已故意被破坏过，重建时就又做了若干修改。最重要的是因不满城中南北中轴线为什刹海所切断。将宫城中线向东移了约一百五十公尺，正阳门、钟鼓楼也随着东移，以取得由正阳门到鼓楼、钟楼中轴线的贯通，同时又以景山横亘在皇宫北面如一道屏风。这个变动使景山中峰上的亭子成了全城南北的中心，替代了元朝的鼓楼的地位。这五十年间陆续完成的三次大工程便是北京在辽以后的第三次改建。这时的北京城就是今天北京的内城了。

在明中叶以后，东北的军事威胁逐渐强大，所以要在城的四面再筑一圈外城。原拟在北面利用元旧城，所以就决定内外城的距离照着原来北面所缩的五里。这时正阳门外已非常繁荣，西边宣武门外是金中都东门内外的热闹区域,东边崇文门外这时受航运终点的影响,工商业也发展起来。所以工程由南面开始,先筑南城。开工之后,发现费用太大,尤其是城墙由明代起始改用砖,较过去土墙所费更大,所以就改变计划,仅筑南城一面了。外城东西仅比内城宽出六七百公尺,便折而向北,止于内城西南东南两角上,即今西便门,东便门之处。这是在唐幽州基础上辽以后北京第四次的大改建。北京今天的凸字形状的城墙就这样在一五五三年完成的。假使这外城按原计划完成,则东面城墙将在二闸,西面差不多到了公主坟,现在的东岳庙,大钟寺,五塔寺,西郊公园,天宁寺,白云观便都要在外城之内了(见图一)。

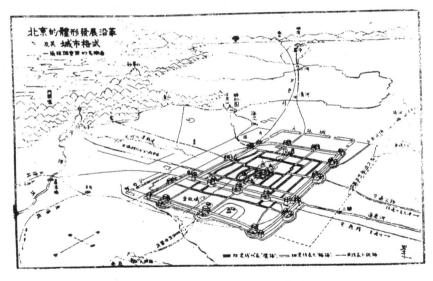

图一　北京的体形发展沿革

　　清朝承继了明朝的北京,虽然个别的建筑单位许多经过了重建,对整个布局体系则未改动,一直到了今天。民国以后,北京市内虽然有不少的局部改建,尤其是道路系统,为适合近代使用,有了很多变更,但对于北京的全部规模则尚保存原来秩序,没有大的损害。

由那四次的大改建，我们认识到一个事实，就是城墙的存在也并不能阻碍城区某部分一定的发展，也不能防止某部分的衰落。全城各部分是随着政治，军事，经济的需要而有所兴废。北京过去在体形的发展上，没有被它的城墙限制过它必要的展拓和所展拓的方向，就是一个明证。

北京的水源——全城的生命线

从元建大都以来，北京城就有了一个问题，不断的需要完满解决，到了今天同样问题也仍然存在。那就是北京城的水源问题。这问题的解决与否在有铁路和自来水以前的时代里更严重的影响着北京的经济和全市居民的健康。

在有铁路以前，北京与南方的粮运完全靠运河。由北京到通州之间的通惠河一段，顺着西高东低的地势，须靠由西北来的水源。这水源还须供给什刹海，三海和护城河，否则它们立即枯竭，反成酝育病疫的水洼，水源可以说是北京的生命线。

北京近郊的玉泉山的泉源虽然是"天下第一"，但水量到底有限；供给池沼和饮料虽足够，但供给航运则不足了。辽金时代航运水道曾利用高粱河水，元初则大规模的重新计划。起初曾经引永定河水东行，但因夏季山洪暴发，控制困难，不久即放弃。当时的河渠故道在现在西郊新区之北，至今仍可辨认。废弃这条水道之后的计划是另找泉源。于是便由昌平县神山泉引水南下，建造了一条石渠，将水引到瓮山泊（昆明湖）再由一道石渠东引入城，先到什刹海，再流到通惠河。这两条石渠在西北郊都有残迹，城中由什刹海到二闸的南北河道就是现在南北河沿和御河桥一带。元时所引玉泉山的水是与由昌平南下经同昆明湖入城的水分流的。这条水名金水河，沿途严禁老百姓使用，专引入宫苑池沼。主要供皇室的饮水和栽花养鱼之用。金水河由宫中流到护城河，然后同昆明湖什刹海那一股水汇流入通惠河。元朝对水源计划之苦心，水道建设规模之大，后代都不能及。城内地下暗沟也是那时留下绝好的基础，经明增设，到现在还是最可贵的下水道系统。

明朝先都南京，昌平水渠破坏失修，竟然废掉不用。由昆明湖出来的水与由玉泉山出来的水也不两河分流，事实上水源完全靠玉泉山的水。因此水量顿减，航运当然不能入城。到了清初建设时，曾作补救计划，将西山碧云寺、卧佛寺同香山的泉水都加以利用，引到昆明湖。这段水渠又破坏失修后，北京水量一直感到干涩不足。解放之前若干年中，三海和护城河淤塞情形是愈来愈严重，人民健康曾大受影响。龙须沟的情况就是典型的例子。

一九五〇年，北京市人民政府大力疏浚北京河道，包括三海和什刹海，同时疏通各种沟渠，并在西直门外增凿深井，增加水源。这样大大的改善了北京的环境卫生是北京水源史中又一次新的记录。现在我们还可以企待永定河上游水利工程，眼看着将来再努力沟通京津水道航运的事业。过去伟大的通惠运河仍可再用，是我们有利的发展基础（本节部分资料是根据侯仁之"北平金水河考"）。

北京的城市格式——中轴线的特征

如上文所曾讲到，北京城的凸字形平面是逐步发展而来。它在十六世纪中叶完成了现在的特殊形状。城内的全部布局则是由中国历代都市的传统制度,通过特殊的地理条件,和元、明、清三代政治经济实际情况而发展的具体型式。这个格式的形成,一方面是遵循或承袭过去的一般的制度,一方面又由于所尊崇的制度同自己的特殊条件相结合所产生出来的变化运用。北京的体形大部是由于实际用途而来,又曾经过艺术的处理而达到高度成功的。所以北京的总平面是经得起分析的。过去虽然曾很好的为封建时代服务,今天它仍然能很好的为新民主主义时代的生活服务。并还可以再作社会主义时代的都城,毫不阻碍一切有利的发展。它的累积的创造成绩是永远可以使我们骄傲的。

大略的说,凸字形的北京,北半是内城,南半是外城,故宫为内城核心,也是全城布局重心,全城就是围绕这中心而部署的。但贯通这全部署的是一根直线。一根长达八公里,全世界最长,也最伟大的南北中轴线穿过了全城。北京独有的壮美秩序就由这条中轴的建立而产生。前后起伏左右对称的体形或空间的分配都是以这中轴为依据的。气魄之雄伟就在这个南北引伸,一贯到底的规模。我们可以从外城最南的永定门说起,从这南端正门北行,在中轴线左右是天坛和先农坛两个约略对称的建筑群;经过长长一条市楼对列的大街,到达珠市口的十字街口之后才面向着内城第一个重点——雄伟的正阳门楼。在门前百余公尺的地方,拦路一座大牌楼,一座大石桥,为这第一个重点做了前卫。但这还只是一个序幕。过了此点,从正阳门楼到中华门,由中华门到天安门,一起一伏、一伏而又起,这中间千步廊(民国初年已拆除)御路的长度,和天安门面前的宽度,是最大胆的空间的处理,衬托着建筑重点的安排。这个当时曾经为封建帝王据为己有的禁地,今天是多么恰当的回到人民手里,成为人民自己的广场!由天安门起,是一系列轻重不一的宫门和广庭,金色照耀的琉璃瓦顶,一层又一层的起伏峋嵘,一直引导到太和殿顶,便到达中线前半的极点,然后向北,重点逐渐退削,以神武门为尾声。再往北,又"奇峰突起"的立着景山做了宫城背后的衬托。景山中峰上的亭子正在南北的中心点上。由此向北是一波又一波的远距离重点的呼应。由地安门,到鼓楼、钟楼,高大的建筑物都继续在中轴线上。但到了钟楼,中轴线便有计划地,也恰到好处地结束了。中线不再向北到达墙根,而将重点平稳地分配给左右分立的两个北面城楼——安定门和德胜门。有这样气魄的建筑总布局,以这样规模来处理空间,世界上就没有第二个!

在中线的东西两侧为北京主要街道的骨干;东西单牌楼和东西四牌楼是四个热闹商市的中心。在城的四周,在宫城的四角上,在内外城的四角和各城门上,立着十几个环卫的突出点。这些城门上的门楼,箭楼及角楼又增强了全城三度空间的抑扬顿挫和起伏高下。因北海和中海,什刹海的湖沼岛屿所产生的不规则布局,和因琼华岛塔和妙应寺白塔所产生的突出点,以及许多坛庙园林的错落,也都增强了规则的布局和不规则的变化的对比。在有了飞机的时代,由空中俯瞰,或仅由各个城楼上或景山顶上遥望,都可以看到北京杰出成就的优异。这是一份伟大的遗产,它是我们人民最宝贵的财产,还有人不感到吗?

北京的交通系统及街道系统

北京是华北平原通到蒙古高原、热河山地和东北的几条大路的分岔点,所以在历史上它一向是一个政治、军事重镇。北京在元朝成为大都以后,因为运河的开凿,以取得东南的粮食,才增加了另一条东面的南北交通线。一直到今天,北京与南方联系的两条主要铁路干线都沿着这两条历史的旧路修筑;而京包、京热两线也正筑在我们祖先的足迹上。这是地理条件所决定。因此,北京便很自然的成了华北北部最重要的铁路衔接站。自从汽车运输发达以来,北京也成了一个公路网的中心。西苑、南苑两个飞机场已使北京对外的空运有了站驿。这许多市外的交通网同市区的街道是息息相关互相衔接的,所以北京城是会每日增加它的现代效果和价值的。

今天所存在的城内的街道系统,用现代都市计划的原则来分析,是一个极其合理,完全适合现代化使用的系统。这是一个令人惊讶的事实,是任何一个中世纪城市所没有的。我们不得不又一次敬佩我们祖先伟大的智慧。

这个系统的主要特征在大街与小巷,无论在位置上或大小上,都有明确的分别,大街大致分布成几层合乎现代所采用的"环道";由"环道"明确的有四向伸出的"幅道"。结果主要的车辆自然会汇集在大街上流通,不致无故地去窜小胡同,胡同里的住宅得到了宁静,就是为此。

所谓几层的环道,最内环是紧绕宫城的东西长安街、南北池子、南北长街、景山前大街。第二环是王府井、府右街,南北两面仍是长安街和景山前大街。第三环以东西交民巷,东单东四,经过铁狮子胡同、后门、北海后门、太平仓、西四、西单而完成。这样还可更向南延长,经宣武门、菜市口、珠市口、磁器口而入崇文门。近年来又逐步地开辟一个第四环,就是东城的南北小街、西城的南北沟沿、北面的北新桥大街,鼓楼东大街,以达新街口。但鼓楼与新街口之间因有什刹海的梗阻,要多少费点事。南面则尚未成环(也许可与交民巷衔接)。这几环中,虽然有多少尚待展宽或未完全打通的段落,但极易完成。这是现代都市计划学家近年来才发现的新原则。欧美许多城市都在它们的弯曲杂乱或呆板单调的街道中努力计划开辟成环道,以适应控制大量汽车流通的迫切需要。我们的北京却可应用六百年前建立的规模,只须稍加展宽整理,便可成为最理想的街道系统。这的确是伟大的祖先留给我们的"余荫"。

有许多人不满北京的胡同,其实胡同的缺点不在其小,而在其泥泞和缺乏小型空场与树木。但它们都是安静的住宅区,有它的一定优良作用。在道路系统的分配上也是一种很优良的秩序,这些便是我们发展的良好基础,可以予以改进和提高的。

北京城的土地使用——分区

我们不敢说我们的祖先计划北京城的时候,曾经计划到它的土地使用或分区。但我们若加以分析,就可看出它大体上是分了区的,而且在位置上大致都适应当时生活的要求和社会条件。

内城除紫禁城为皇宫外,皇城之内的地区是内府官员的住宅区。皇城以外,东西交民巷一带是各衙署所在的行政区(其中东交民巷在辛丑条约之后被划为"使馆区")。而这些住宅的住户,有很多就是各衙署的官员。北城是贵族区,和供应它们的商店区,这区内王府特别多。东西四牌楼是东西城的两个主要市场;由它们附近街巷名称,就可看出。如东四牌楼附近是猪市大街、小羊市、驴市(今改"礼士")胡同等;西四牌楼则有马市大街,羊市大街、羊肉胡同、缸瓦市等。

至于外城,大体的说,正阳门大街以东是工业区和比较简陋的商业区,以西是最繁华的商业区。前门以东以商业命名的街道有鲜鱼口、瓜子店、果子市等;工业的则有打磨厂、梯子胡同等等。以西主要的是珠宝市、钱市胡同、大栅栏等,是主要商店所聚集;但也有粮食店、煤市街。崇文门外则有巾帽胡同、木厂胡同、花市、草市、磁器口等等,都表示着这一带的土地使用性质。宣武门外是京官住宅和各省府州县会馆区,会馆是各省入京应试的举人们的招待所,因此知识分子大量集中在这一带。应景而生的是他们的"文化街",即供应读书人的琉璃厂的书铺集团,形成了一个"公共图书馆";其中参杂着许多古玩铺,又正是供给知识分子观摩的"公共文物馆"。其次要提到的就是文娱区;大多数的戏院都散布在前门外东西两侧的商业区中间。大众化的杂耍场集中在天桥。至于骚人雅士们则常到先农坛迤西洼地中的陶然亭吟风咏月,饮酒赋诗。

由上面的分析,我们可以看出,以往北京的土地使用,的确有分区的现象。但是除皇城及它迤南的行政区是多少有计划的之外,其他各区都是在发展中自然集中而划分的。这种分区情形,到民国初年还存在。

到现在,除去北城的贵族已不贵了,东交民巷又由"使馆区"收复为行政区而仍然兼是一个有许多已建立邦交的使馆或尚未建立邦交的"使馆"所在区,和西交民巷成了银行集中的商务区而外,大致没有大改变。近二三十年来的改变,则在外城建立了几处工厂。王府井大街因为东安市场之开辟,再加上供应东交民巷帝国主义外交官僚的消费,变成了繁盛的零售商店街,部分夺取了民国初年军阀时代前门外的繁荣。东西单牌楼之间则因长安街三座门之打通而繁荣起来,产生了沿街"洋式"店楼型制。全城的土地使用,比清末民初时期显然增加了杂乱错综的现象。幸而因为北京以往并不是一个工商业中心,体形环境方面尚未受到不可挽回的损害。

北京城是一个具有计划性的整体

北京是中国(可能是全世界)文物建筑最多的城。元、明、清历代的宫苑,坛庙,塔寺分布在全城,各有它的历史艺术意义,是不用说的。要再指出的是:因为北京是一个先有计划然后建造的城(当然,计划所实现的都曾经因各时代的需要屡次修正,而不断地发展的)。它所特具的优点主要就在它那具有计划性的城市的整体。那宏伟而庄严的布局,在处理空间和分配重点上创造出卓越的风格,同时也安排了合理而有秩序的街道系统,而不仅在它内部许多个别建筑物的丰富的历史意义与艺术的表现。所以我们首先必须认识到北京城部署骨干的卓越,北京建筑的整个体系是全世界保存得最完好,而且继续有传统的活力的、最特殊、最珍贵的艺术杰作。这是我们对北京城不可忽略的起码认识。

就大多数的文物建筑而论,也都不仅是单座的建筑物,而往往是若干座合组而成的整体,为极可宝贵的艺术创造,故宫就是最显著的一个例子。其他如坛庙、园苑、府第,无一不是整组的文物建筑,有它全体上的价值。我们爱护文物建筑,不仅应该爱护个别的一殿,一堂,一楼,一塔,而且必须爱护它的周围整体和邻近的环境。我们不能坐视,也不能忍受一座或一组壮丽的建筑物遭受到各种各式直接或间接的破坏,使它们委曲在不调和的周围里,受到不应有的宰割。过去因为帝国主义的侵略,和我们不同体系,不同格调的各型各式的所谓洋式楼房,所谓摩天高楼,模仿到家或不到家的欧美系统的建筑物,庞杂凌乱的大量渗到我们的许多城市中来,长久地劈头拦腰破坏了我们的建筑情调,渐渐地麻痹了我们对于环境的敏感,使我们习惯于不调和的体形或习惯于看着自己优美的建筑物被摒斥到委曲求全的夹缝中,而感到无可奈何。我们今后在建设中,这种错误是应该予以纠正了。代替这种蔓延野生的恶劣建筑,必须是有计划有重点的发展,比如明年,在天安门的前面,广场的中央,将要出现一座庄严雄伟的人民英雄纪念碑。几年以后,广场的外围将要建起整齐壮丽的建筑,将广场衬托起来。长安门(三座门)外将是绿荫平阔的林荫大道,一直通出城墙,使北京向东西城郊发展。那时的天安门广场将要更显得雄壮美丽了。总之,今后我们的建设,必须强调同环境配合,发展新的来保护旧的,这样才能保存优良伟大的基础,使北京城永远保持着美丽、健康和年青。

北京城内城外无数的文物建筑,尤其是故宫、太庙(现在的劳动人民文化宫)、社稷坛(中山公园)、天坛、先农坛、孔庙、国子监、颐和园等等,都普遍地受到人们的赞美。但是一件极重要而珍贵的文物,竟没有得到应有的注意,乃至被人忽视,那就是伟大的北京城墙。它的产生,它的变动,它的平面形成凸字形的沿革,充满了历史意义,是一个历史现象辩证的发展的卓越标本,已经在上文叙述过了。至于它的朴实雄厚的壁垒,宏丽嶙峋的城门楼、箭楼、角楼、也正是北京体形环境中不可分离的艺术构成部分,我们还需要首先特别提到。苏联人民称斯摩棱斯克的城墙为苏联的项琏,我们北京的城墙,加上那些美丽的城楼,更应称为一串光彩耀目的中华人民的璎珞了。古史上有许多著名的台——古代封建主的某些殿宇是筑在高台上的,台和城墙有时不分,——后来发展成为唐宋的阁与楼时,则是在城墙上含有纪念性的建筑物,大半可供人民登临。前者如春秋战国燕和赵的丛台,西汉的未央宫,汉末曹操和东晋石赵在邺城的先后两个铜雀台,后者如唐宋以来由文字流传后世的滕王阁、黄鹤楼、岳阳楼等。宋代的宫前门楼宣德楼的作用也还略像一个特殊的前殿,不只是一个仅具形式的城楼。北京峋峙着许多壮观的城楼角楼,站在上面俯瞰城郊,远览风景,可以供人娱心悦目,舒畅胸襟。但在过去封建时代里,因人民不得登临,事实上是等于放弃了它的一个可贵的作用。今后我们必须好好利用它为广大人民服务。现在前门箭楼早已恰当地作为文娱之用。在

图二　北京的城墙还能负起一个新的任务

北京市各界人民代表会议中，又有人建议用崇文门、宣武门两个城楼做陈列馆，以后不但各城楼都可以同样的利用，并且我们应该把城墙上面的全部面积整理出来，尽量使它发挥它所具有的特长。城墙上面面积宽敞，可以布置花池，栽种花草，安设公园椅，每隔若干距离的敌台上可建凉亭，供人游息。由城墙或城楼上俯视护城河，与郊外平原，远望西山远景或禁城宫殿。它将是世界上最特殊公园之———一个全长达 39.75 公里的立体环城公园！（图二）

我们应该怎样保护这庞大的伟大的杰作？

人民中国的首都正在面临着经济建设，文化建设——市政建设高潮的前夕。解放两年以来，北京已在以递加的速率改变，以适合不断发展的需要。今后一二十年之内，无数的新建筑将要接踵的兴建起来，街道系统将加以改善，千百条的大街小巷将要改观，各种不同性质的区域要划分出来。北京城是必须现代化的；同时北京城原有的整体文物性特征和多数个别的文物建筑又是必须保存的。我们必须"古今兼顾，新旧两利"。我们对这许多错综复杂问题应如何处理？是每一个热爱中国人民首都的人所关切的问题。

如同在许多其他的建设工作中一样，先进的苏联已为我们解答了这问题，立下了良好的榜样。在"苏联沦陷区解放后之重建"一书中，苏联的建筑史家 N·窝罗宁教授说：

"计划一个城市的建筑师必须顾到他所计划的地区生活的历史传统和建筑的传统。在他的设计中，必须保留合理的、有历史价值的一切和在房屋类型和都市计划中，过去的经验所形成的特征的一切；同时这城市或村庄必须成为自然环境中的一部分。……新计划的城市的建筑样式必须避免呆板硬性的规格化，因为它将掠夺了城市的个性；他必须采用当地居民所珍贵的一切。

"人民在便利、经济和美感方面的需要，他们在习俗与文化方面的需要，是重建计划中所必须遵守的第一条规则。……"（一九四四年英文版，16页。）

窝罗宁教授在他的书中举辨了许多实例。其中一个被称为"俄罗斯的博物院"的诺夫哥罗德城，这个城的"历史性文物建筑比任何一个城都多"。

"它的重建是建筑院院士舒舍夫负责的。他的计划作了依照古代都市计划制度重建的准备——当然加上现代化的改善。……在最卓越的历史文物建筑周围的空地将布置成为花园，以便取得文物建筑的观景。若干组的文物建筑群将被保留为国宝……

"关于这城……的新建筑样式，建筑师们很正确地拒绝了庸俗的'市侩式'，建筑，而采取了被称为'地方性的拿破仑时代的'建筑。因为它是该城原有建筑中最典型的样式。……

"……建筑学者们指出：在计划重建新的诺夫哥罗德的设计中，要给予历史性文物建筑以有利的位置，使得在远处近处都可以看见它们的原则的正确性。……

"对于许多类似诺夫哥罗德的古俄罗斯城市之重建的这种研讨将要引导使问题得到最合理的解决，因为每一个意见都是对于以往的俄罗斯文物的热爱的表现。……"（同书七九页）

怎样建设"中国的博物院"的北京城，上面引录的原则是正确的。让我们向诺夫哥罗德看齐，向舒舍夫学习。

（本文虽是作者答应担任下来的任务，但在实际写作进行中，都是同林徽因分工合作，有若干部分还偏劳了她，这是作者应该对读者声明的。）

一九五一年四月十五日脱稿于清华园

曲阜孔庙[①]

　　也许在人类历史中,从来没有一个知识分子像中国的孔丘(公元前551—公元前479年)那样长期地受到一个朝代接着一个朝代的封建统治阶级的尊崇。他认为"一只鸟能够挑选一棵树,而树不能挑选过往的鸟",所以周游列国,想找一位能重用他的封建主来实现他的政治理想,但始终不得志。事实上,"树"能挑选鸟;却没有一棵"树"肯要这只姓孔名丘的"鸟"。他有时在旅途中绝了粮,有时狼狈到"累累若丧家之狗";最后只得叹气说,"吾道不行矣"!但是为了"自见于后世",他晚年坐下来写了一部"春秋"。也许他自己也没想到,他"自见于后世"的愿望达到了。正如汉朝的大史学家司马迁所说:"春秋之义行,则天下乱臣贼子惧焉。"所以从汉朝起,历代的统治者就一朝胜过一朝地利用这"圣人之道"来麻痹人民,统治人民。尽管孔子生前是一个不得志的"布衣",死后他的思想却统治了中国两千年。他的"社会地位"也逐步上升,到了唐朝就已被称为"大成至圣文宣王",连他的后代子孙也靠了他的"余荫",在汉朝就被封为"褒成侯",后代又升一级做"衍圣公"。两千年世袭的贵族,也算是历史上仅有的怪现象了。

---

　　①　本文原载1959年9月《旅行家》杂志。

这一切也都在孔庙建筑中反映出来。

今天全中国每一个过去的省城、府城、县城都必然还有一座规模宏大,红墙黄瓦的孔庙,而其中最大的一座,就在孔子的家乡——山东省曲阜,规模比首都北京的孔庙还大得多。在庙的东边,还有一座由大小几十个院子组成的"衍圣公府"。曲阜城北还有一片占地几百亩,树木葱幽,丛林密茂的孔家墓地——孔林。孔子以及他的七十几代嫡长子孙都埋葬在这里。

现在的孔庙是由孔子的小小的旧宅"发展"而来的。他死后,他的学生就把他的遗物——衣、冠、琴、车、书——保存在他的故居,作为"庙"。汉高祖刘邦就曾经在过曲阜时杀了一头牛祭祀孔子。西汉末年,孔子的后代受封为"褒成侯",还领到封地来奉祀孔子。到东汉末桓帝时(公元153年),第一次由朝廷为孔子建了庙。随着朝代岁月的递移,到了宋朝,孔庙就已发展成三百多间房的巨型庙宇。历代以来,孔庙曾经多次受到兵灾或雷火的破坏,但是统治者总是把它恢复重建起来,而且规模越来越大。到了明朝中叶(十六世纪初),孔庙在一次兵灾中毁了之后,统治者不但重建了庙堂,而且为了保护孔庙,干脆废弃了原在庙东的县城,而围绕着孔庙另建新城——"移县就庙"。在这个曲阜县城里,孔庙正门紧挨在县城南门里,庙的后墙就是县城北部,由南到北几乎把县城分割成为互相隔绝的东西两半。这就是今天的曲阜。孔庙的规模基本上是那时重建后留下来的。

自从萧何给汉高祖营建壮丽的未央宫,"以重天子之威"以后,统治阶级就学会了用建筑物来作政治工具。因为"夫子之道"是可以利用来维护封建制度的最有用的思想武器,所以每一个新的皇朝在建国之初,都必然隆重祭孔,大修庙堂,以阐"文治";在朝代衰末的时候,也常常重修孔庙,企图宣扬"圣教",扶危救亡。1935 年,国民党政府就是企图这样做的最后一个,当然,蒋介石的"尊孔"并不能阻止中国人民的解放运动;当时的重修计划,也只是一纸空文而已。

由于封建统治阶级对于孔子的重视,连孔子的子孙也沾了光,除了庙东那座院落重重,花园幽深的"衍圣公府"外,解放前,在县境内还有大量的"祀田",历代的"衍圣公",也就成了一代一代的恶霸地主。曲阜县知县也必须是孔氏族人,而且必须由"衍圣公"推荐,"朝廷"才能任命。

大成殿的蟠龙柱

除了孔庙的"发展"过程是一部很有意思的"历史纪录"外,现存的建筑物也可以看作中国近八百年来的"建筑标本陈列馆"。这个"陈列馆"一共占地将近十公顷,前后共有八"进"庭院,殿、堂、廊、庑,共六百二十余间,其中最古的是金朝(公元 1195 年)的一座碑亭,以后元、明、清、民国各朝代的建筑都有。

孔庙的八"进"庭院中,前面(即南面)三"进"院都是柏树林,每一进都有墙垣环绕,正中是穿过柏树林和重重的牌坊、门道的甬道。第三进以北才开始布置建筑物。这一部分用四个角楼标志出来,略似

133

北京紫禁城，但具体而微。在中线上的是主要建筑组群，由奎文阁，大成门、大成殿、寝殿、圣迹殿和大成殿两侧的东庑和西庑组成。大成殿一组也用四个角楼标志着，略似北京故宫前三殿一组的意思。在中线组群两侧，东面是承圣殿、诗礼堂一组，西面是金丝堂、启圣殿一组。大成门之南，左右有碑亭十余座。此外还有些次要的组群。

奎文阁是一座两层楼的大阁，是孔庙的藏书楼，明朝弘治十七年（公元 1504 年）所建。在它南面的中线上的几道门也大多是同年所建。大成殿一组，除杏坛和圣迹殿是明代建筑外，全是清雍正年间（1724—1730）建造的。

今天到曲阜去参观孔庙的人，若由南面正门进去，在穿过了苍翠的古柏林和一系列的门堂之后，首先引起他兴趣的大概会是奎文阁前的同文门。这座门不大，也不开在什么围墙上，而是单独地立在奎文阁前面。它引人注意的不是它的石柱和四百五十多年的高龄，而是门内保存的许多汉魏碑石。其中如史晨，孔宙，张猛龙等碑，是老一辈临过碑帖练习书法的人所熟悉的。现在，人民政府又把散弃在附近地区的一些汉画像石集中到这里。原来在庙西双相圃（校阅射御的地方）的两个汉刻石人像也移到庙园内，立在一座新建的亭子里。今天的孔庙已经具备了一个小型汉代雕刻陈列馆的条件了。

奎文阁虽说是藏书楼，但过去是否真正藏过书，很成疑问。它是大成殿主要组群前面"序曲"的高峰，高大仅次于大成殿；下层四周回廊全部用石柱，是一座很雄伟的建筑物。

大成殿正中供奉孔子像，两侧配祀颜回、曾参、孟轲等"十二哲"。它是一座双层瓦檐的大殿，建立在双层白石台基上，是孔庙最主要的建筑物，重建于清初雍正年间雷火焚毁之后，1730 年落成。这座殿最引人注目的是它前廊的十根精雕蟠龙石柱。每根柱上雕出"双龙戏珠","降龙"由上蟠下来，头向上；"升龙"由下蟠上去，头向下。中间雕出宝珠；还有云焰环绕衬托。柱脚刻出石山，下面莲瓣柱础承托。这些蟠龙不是一般的浮雕，而是附在柱身上的圆雕。它在阳光闪烁下栩栩如生，是建筑与雕刻相辅相成的杰出的范例。大成门正中一对柱也用了同样的手法。殿两侧和后面的柱子是八角形石柱，也有精美的浅浮雕。相传大成殿原来的位置在现在殿前杏坛所在的地方，是公元1018年宋真宗时移建的。现存台基的"御路"雕刻是明代的遗物。

杏坛位置在大成殿前庭院正中，是一座亭子，相传是孔子讲学的地方。现存的建筑也是明弘治十七年所建。显然是清雍正年间经雷火灾后幸存下来的。大成殿后的寝殿是孔子夫人的殿。再后面的圣迹殿，明末万历年间（公元1592年）创建，现存的仍是原物，中有孔子周游列国的画石120幅，其中有些出于名家手笔。

大成门前的十几座碑亭是金元以来各时代的遗物；其中最古的已有七百七十多年的历史。孔庙现存的大量碑石中，比较特殊的是元朝的蒙汉文对照的碑，和一块明初洪武年间的语体文碑，都是语文史中可贵的资料。

1959年，人民政府对这个辉煌的建筑组群进行修葺。这次重修，本质上不同于历史上的任何一次重修：过去是为了维护和挽救反动政权，而今天则是我们对于历史人物和对于具有历史艺术价值的文物给予的评定和保护。七月间，我来到了阔别二十四年的孔庙，看到工程已经顺利开始，工人的劳动热情都很高。特别引人注意的，是彩画工人中有些年轻的姑娘，高高地在檐下做油饰彩画工作，这是坚决主张重男轻女的孔丘所想不到的。

过去的"衍圣公府"已经成为人民的文物保管委员会办公的地方，科学研究人员正在整理研究"府"中存下的历代档案，不久即可开放。

更令人兴奋的是，我上次来时，曲阜是一个颓垣败壁，秽垢不堪的落后县城，街上看到的，全是衣着褴褛，愁容满面的饥寒交迫的人。今天的曲阜，不但市容十分整洁，连人也变了，往来于街头巷尾的不论是胸佩校徽，迈着矫健步伐的学生或是连唱带笑，蹦蹦跳跳戴着红领巾的少年们，还有徐步安详的老人……都穿得干净齐整。城外农村里也是一片繁荣景象，男的都穿着洁白的衬衫，青年妇女都穿着印花布的衣服，在麦粒堆积如山的晒场上愉快地劳动。

孔子坟

中国的艺术与建筑[1]

建　筑

　　中国古人从未把建筑当成一种艺术,但像在西方一样,建筑一直是艺术之母。正是通过作为建筑装饰,绘画与雕塑走向成熟,并被认作是独立的艺术。

　　技术与形式。中国建筑是一种土生土长的构筑系统,它在中国文明萌生时期即已出现,其后不断得到发展。它的特征性形式是立在砖石基座上的木骨架即木框架,上面有带挑檐的坡屋顶。木框架的梁与柱之间,可以筑幕墙,幕墙的惟一功能是划分内部空间及区别内外。中国建筑的墙与欧洲传统房屋中的墙不同,它不承受屋顶或上面楼层的重量,因而可随需要而设或不设。建筑设计者通过调节开敞与封闭的比例,控制光线和空气的流入量,一切全看需要及气候而定。高度的适应性使中国建筑随着中国文明的传播而扩散。

---

　　[1]　本文为 1946 年梁思成赴美讲学时,应美国大百科全书之约所写,因为是用英文篆写的故未在国内发表,直至 2001 年才首次在《梁思成全集》中与读者见面。——左川注

当中国的构筑系统演进和成熟后,像欧洲古典建筑柱式那样的规则产生出来,它们控制建筑物各部分的比例。在纪念性的建筑上,建筑规范由于采用斗拱而得到丰富。斗拱由一系列置于柱顶的托木组成,在内边它承托木梁,在外部它支承屋檐。一攒斗拱中包括几层横向伸出的臂,叫"拱",梯形的垫木叫"斗"。斗拱本是结构中有功能作用的部件,它承托木梁又使屋檐伸出得远一些。在演进过程中,斗拱有多种多样的形式和比例。早期的斗拱形式简单,在房屋尺寸中占的比例较大;后来斗拱变得小而复杂。因此,斗拱可作为房屋建造时代的方便的指示物。

由于框架结构使内墙变为隔断,所以中国建筑的平面布置不在于单幢房屋之内部划分,而在于多座不同房屋的布局安排,中国的住宅是由这些房屋组成的。房屋通常围绕院子安排。一所住宅可以包含数量不定的多个院子。主房大都朝南,冬季可射入最多的太阳光,在夏天阳光为挑檐所阻挡。除了因地形导致的变体,这个原则适用于所有的住宅、官府和宗教建筑物。

历史的演变。中国最古的建筑遗存是一些汉代的坟墓。墓室及墓前的门墩——阙,虽是石造的,形式却是仿木结构,高起的石雕显现着同样高超的木匠技艺。斗拱在如此早期的建筑中已具有重要作用。

在中国至今没有发现存在公元 8 世纪中叶以前漫长时期里所造的木构建筑。但从一些石窟寺的构造细部和它们墙上的壁画我们可以大略知晓 8 世纪中期以前木构建筑的外貌。山西大同附近的云冈石窟建于公元 452 至 494 年;河南河北交界处的响堂山石窟和山西太原的天龙山石窟建于公元 550 至 618 年间,它们是在石崖上凿成的佛国净土,外观和内部都当作建筑物来处理,模仿当时的木构建筑。陕西西安慈恩寺大雁塔西门门楣石刻（公元 701 年至 704 年）准确地显示出一座佛寺大殿。甘肃敦煌公元 6 世纪到 11 世纪的洞窟的壁画中画的佛国净土，建筑背景极其精致。这些遗迹是未留下实物的时代的建筑状况的图像记录。在这样的图像中，我们也看到斗拱的重要，并且可以从中追踪到斗拱的演变轨迹。

这些中国早期建筑特点的间接证据可从日本现存的建筑群得到支持。它们造于推古（注：公元 593—626 年）、飞鸟［注：飞鸟文化指 6 世纪中叶（公元 552 年）佛教传入日本至大化改新（公元 645 年）一百年间的文化］、白凤［注：白凤文化指大化改新（公元 645 年）至迁都奈良（公元 710 年）时间的文化］、天平［注：狭义指圣武天皇统治的天平时期（724—748 年）广义指整个奈良时代（710—794 年）］和弘仁（注：公元 810—833 年）、贞观（注：公元 875—893 年）时期，相当于中国隋朝和唐朝。事实上，到 19 世纪中期为止，日本的建筑像镜子一样映射着中国建筑不断变化着的风格。早先的日本建筑可以正确地称之为中国殖民式建筑，而且那里有一些建筑物还真是出于中国匠人之手。最早的是奈良附近的法隆寺建筑群，由朝鲜工匠建造，公元 607 年建成。奈良东大寺金堂是中国鉴真和尚（公元 763 年去世）于公元 759 年建造的。①

中国现存最早的木构建筑是山西省五台山佛光寺大殿。它单层七间，斗拱雄大，比例和设计无比地雄健庄严。大殿建于公元 857 年，在公元 845 年全国性灭法后数年。佛光寺大殿是惟一留存下来的唐

---

① 原文 Kondo of the Todaiji, Nara，指奈良东大寺。鉴真所建为 Toshodai-jì，唐招提寺。疑梁先生笔误。——吴焕加注

代建筑,而唐代是中国艺术史上的黄金时代。寺内的雕塑、壁画饰带和书法都是当时的作品,这些唐代艺术品聚集在一起,使这座建筑物成为中国独一无二的艺术珍品。

唐朝以后的木构建筑保留的数量逐渐增多。一些很杰出的建筑物可以作为宋代和同时期的辽代与金代的代表。

河北省蓟县独乐寺观音阁建于公元 984 年。这是一座两层建筑,当中立着一座有十一个头的观音像。两个楼层之间又有一个暗层,实际是三层。在观音阁上,斗拱的作用发挥到极致。

太原附近晋祠的建筑群建于公元 1025 年,两座主要建筑物都是单层,但主殿为重檐。大同华严寺大殿是一座巨大的单层单檐建筑,建于 1090 年,是中国最大的佛教建筑物之一。许多年后的公元 1260 年,河北曲阳的北岳庙建成,它的屋顶上部构件经过大量改建,但其下部及外观整体基本未变。

对上述这些建筑物的比较研究表明,斗拱与建筑物整体的比例越来越小。另一共同特点是越往建筑物的两边柱子越高。这一细致的处理使檐口呈现为轻缓的曲线(华严寺大殿是个例外),屋脊也如此,于是建筑物外观变得柔和了。

到了明朝,精巧的处理消失。这个趋势在皇家的纪念性建筑中尤其明显。北平以北 40 公里的河北省昌平县明朝永乐皇帝陵墓的大殿是突出的例子。它的斗拱退缩到无足轻重的地步,非近观不能看见。虽然明、清两代的个体建筑退步,但北平故宫是宏伟的大尺度布局的佳例,显示了中国人构想和实现大范围规划的才能。紫禁城用大墙包围,面积为 3350 英尺×2490 英尺(1020 米×760 米),其中有数百座殿堂和居住房屋。它们主要是明、清两代的建筑。紫禁城是一个整体。

一条中轴线贯穿紫禁城和围绕它的都城。殿堂、亭、轩和门围着数不清的院子布置，并用廊子连接起来。建筑物立在数层白色大理石台基上。柱子和墙面一般是刷成红色的。斗拱用蓝、绿和金色的复杂图案装饰起来，由此形成冷色的圈带，使檐下更为幽暗，显得檐部挑出益加深远。整个房屋覆在黄色或绿色的琉璃瓦顶之下。中国人对房屋整体所作的颜色处理，其精致与独创性举世无双。

多层木构建筑。因为材料的限制，高层木构建筑很少。北京天坛祈年殿是著名的高大木构建筑。这是一座圆形建筑，立在三层白色大理石基座上，上部为三层蓝色琉璃瓦顶，最高层束成圆锥形。顶尖高于地面 108 英尺（33 米）。

最好的一个多层木构建筑是山西应县木塔，但不那么有名。它建于公元 1056 年，有五个明层和四个暗层，平面为八角形。木塔的每一层，不论明暗，都有完整的木构架。因此全塔由九个构架累积而成。其中每一构件都起支承作用，没有多余之物。塔顶屋面为八角锥体，最上为铁铸塔刹，最高点距地面 215 英尺（65 米）。虽然早期大多数塔为木塔，但应县木塔是该类型的塔的惟一留存者。

砖石塔。早期木塔大都消失了，留存下来的多是砖塔，也有少数石塔，它们经受了人为的和自然的损害。与一般人的看法相反，中国塔的设计并不是从印度传入的，它们是中国与印度两种文明交会的产物。塔身完全是中国的，印度因素只在塔刹部分可以见到，它来自窣堵坡（stupa），但已大大改变。许多的砖塔或石塔演绎着木塔原型，木塔才是中国传统建筑观念的体现。

中国砖石塔有五大类型：

单层塔。印度的窣堵坡是佛陀遗骸埋葬地的标志，而死去的僧人坟墓窣堵坡就叫"巴高大"（pagoda）①。6世纪到12世纪的坟墓窣堵坡大都做成单层小亭子似的建筑，上面有单檐或重檐。山东济南附近的四门塔建于公元544年，是最早的单层塔的例子（它不是坟墓）。更典型的例子是山东长清灵岩寺的慧崇禅师塔墓。

多层塔。多层塔保持中国土生土长多层建筑的许多特点。日本尚有多层木塔屹立至今，中国只保存了此种类型的砖塔。西安附近的香积寺塔，建于公元681年，是最早和最好的例子。那是十三层的方塔，其中十一层保存完好。楼层用叠涩砖檐分划，各层外墙上用浅浮雕显示门洞、窗子之外，尚有简单而精细的浮雕壁柱和额枋，上承大斗。

宋代多八角形塔。墙上的壁柱常被省去。砖檐常由许多斗拱支承。有些例子，如河北涿县的双塔（约公元1090年），是在砖塔上忠实地复制出木塔的外貌。

密檐塔。密檐塔似乎是单层塔而上面有多重檐口所形成的变体。外观上看，它有一个很高的主层，其上为密密的多重檐口。公元520年建的河南佛教圣地嵩山嵩岳寺塔，十二边形，十五层，是最早的实例。在唐代，这种塔全采用四方形。最杰出的一例是法王寺塔（约750年），也在河南嵩山。

9世纪中有了八角塔，到11世纪以后，这已经成了塔的标准型式。从10世纪到12世纪，在中国北方建造了大量的这种塔，檐下用斗拱装饰。最出名的一个例子是北平的天宁寺塔，建于11世纪，经过多次重修。

---

① 今以"塔"对应"巴高大"。——陈志华注

喇嘛塔(窣堵坡)。通过印度僧人,中国早就知道印度窣堵坡的原貌,但长期未移植于中国。后来,由于喇嘛教的传播,终于经过西藏来到中国建造,经过很大的变形。西藏喇嘛塔一般做成壶形,立在高高的基座上面。公元 1260 年由忽必烈下令建造的北平妙应寺窣堵坡是最好一例。后来它的壶状身躯变得细巧了,塔的颈部尤其如此。这个颈部原先像截了一段的锥形,后来渐渐像烟筒。这种后出的西藏式窣堵坡的一个典型例子是北平北海公园里的白塔,建于公元 1651 年。

金刚宝座塔(Diamond-Based Pagodas)。在一个基座上耸立数个塔,称金刚宝座塔。早在 8 世纪建造的河北省房山县云居寺塔是这种塔型的先兆。云居寺塔有一个宽阔的低台,上面立着一座大塔和四座小塔。到明代此种形制始臻于成熟。公元 1473 年建的北平西郊的五塔寺是一个绝好的作品,它使人以多种方式联想起爪哇的婆罗浮屠(Borobudur)。

牌楼。在中国大多数城镇和不少乡村道路上,都可见到称为牌楼的纪念性的大门。虽然牌楼纯粹是中国的建筑,但可以看到与印度桑契的窣堵坡围栏上的门有某种相似之处。中国南方多石牌楼,北方城镇的街道常有华丽的木牌楼。

桥梁。造桥在中国是一种古老的技艺。早期的例子是简单的木桥或是浮桥。直到 4 世纪中期以后开始用拱券跨过水流。中国桥梁建造最有名的一个例子是河北赵县的大石桥。它是一座敞肩拱桥(在主拱两头桥面以下的三角形部位,又开着小拱洞)。赵州桥的主拱跨度为 123 英尺(37 米)。赵州桥建于中国隋代,是使现代工程师感到惊讶的工程奇迹。

最常见的一种拱桥可以北平马可波罗桥①为例有许多桥墩。中国西南部的山区常用悬索桥。福建有许多用长长的石梁和石墩造的桥,有的总长度②可达 70 英尺(20 米)。

绘　画

作为艺术的绘画,在中国首先作为装饰出现在旗帜、服装、门、墙及其他东西的表面上。早先的帝王们利用这种媒介的审美感染力和权势暗示力得心应手地教化和统治人民。

唐以前的绘画。在汉代,绘画技术已趋成熟,壁画被用来装饰宫殿内部。公元前 51 年,汉宣帝(公元前 73—49 年在位)命令为十一名在降服匈奴过程中立功的大臣和将军画像于麒麟阁内墙上。这件事表明画像在当时已被承认为一种艺术。当时的绘画不是画在墙壁上便是画在绢上。据记载,唐朝宫廷收藏了大批绢画,但实物没有留下来。

朝鲜的乐浪在公元 108 年至 313 年是中国的一个省的省会。那里的一处坟墓中出土一块有绘画的砖,现藏于美国波士顿美术馆。它让我们看到了当时汉帝国边疆省份的绘画作品。大批带有线刻和平浮雕的石板是汉朝壁画的特点的间接然而有价值的证物。

现存最早的中国画卷被认为是顾恺之(公元 344—406 年)的作品,现在珍藏于伦敦大英博物馆。顾恺之是东晋时的著名画家。那卷

---

① 即卢沟桥。——陈志华注
② 总长度,原文如此。——陈志华注

画可能是唐代的摹本,题名《女史箴》,画的内容是图解一系列道德箴言。人物用毛笔在绢上画成,线条精确流畅,但不画背景。人物形象和空间的表现在相当程度上保持汉朝画像石的古拙风格,但同时显露出 5 至 6 世纪佛教雕塑的主要特征。

唐代的绘画。绘画和别的艺术门类一样,在唐代进入繁盛期。阎立德和阎立本(约公元 600—673 年)兄弟二人各列一大串唐代大画家名单之首。立德兼作建筑家,立本是更大的画家。阎立本的《历代帝王图卷》现藏波士顿美术馆,其中许多笔意可追溯到顾恺之的画卷中去。

吴道子(约公元 700—760 年)是最有名的中国画家,他第一个把毛笔的灵活性发挥至极致。他运用深浅不同的波动的线条表现三度空间的效果。摆脱早期线条的僵硬性,表现极为自由。每一个学中国画的学生都知道"吴带当风"之说,后继的画家因而更鲜活地表现运动。吴道子以他自由而纯熟的笔,在画中精妙地画出各式各样的题材,神和人,动物和植物,风景和建筑。据晚唐张彦远《历代名画记》记载,吴道子的壁画作品有三百件之多。大多数已经毁坏了。

在唐代,用壁画装饰寺庙墙壁蔚然成风。《历代名画记》记载了数百幅,其中有佛国净土和地狱,佛陀、菩萨、恶魔及其他神话人物。而这只是对长安和洛阳两个首都的寺庙壁画的记录。在其他城镇和名山圣地还有众多二流画家的作品。在中原省份这些壁画几乎早消失了。但是在丝绸古道上的敦煌石窟是有关边远省份佛教壁画的信息的富源。

到 8 世纪初左右,山水从人物画的背景独立出来,将要成为中国画中最高尚的一个品类。李思训约生于公元 651 年,殁于公元 716

年,和他的儿子李昭道被普遍认为是山水画的解放者。被称为"大小李将军",他们创立了"北派"或称"李派"山水画。其特点是采用精致而挺拔的线条,鲜艳的青色和绿色,重点的地方加上金或朱红色点。这种画极富装饰性,但稍有呆板之感,细致而辛苦地画出一切细节。当大小李将军在完善他们的风格时,吴道子在大同宫的墙壁上用墨和淡色作画,一天就完成了"嘉陵江三百里山水"。其技法与风格与"二李"作品迥异。

又过了大约半个世纪,诗人画家王维(公元 699—759 年)被认为是水墨山水画大家。他的作品的特点是自由而大胆,也与"二李"僵化的匠气风格成鲜明对照。王维善于表现雾和水,是成功地描绘大自然气氛的第一人。他被认为是画中有诗,诗中有画。他也有追随者。明代的评论家指出,王维是"南派"山水画的始祖,正如"二李"是"北派"的创立者。

唐代大画家还有曹霸,韩干(约公元 750 年),两人以画马著称。周日方和张萱(8 世纪晚期)擅长画家庭生活及妇女。宋朝皇帝徽宗(公元 1101—1125 年在位)临摹的张萱的一个画卷,摹本现藏波士顿美术馆。

五代和宋朝的绘画。在混乱的五代,有一批艺术家风华正茂,他们是宋朝画家的先驱者。荆浩生活于唐末和五代之初,是大山水画家关全的老师,他对宋代山水画有重大影响。贯休和尚活跃于公元 920 年前后①,擅长人物,尤善画罗汉。徐熙和黄筌是花鸟画家。

----

① 据《中国大百科全书·美术卷》,贯休生卒年为 832—913 年。——陈志华注

这一时期壁画虽不若唐代兴盛,但在北宋仍是常见。少数宋代壁画逃过劫难,留至后世,敦煌石窟有宋代壁画,是边陲的作品。

宋代宫廷画院中聚集了许多著名画家。如山水画家郭熙(约1020—1090年),黄筌的儿子、也是花鸟画家的黄居。宋代初年的文人画家有李成和董源(10世纪末),是山水画大家。范宽画山覆有厚厚的植被,河流两旁岩峰峥嵘。米芾(公元1051—1107年)的山水画云雾缭绕,高耸的山顶散落着短、平、宽的墨点,后世画者多有仿效。李龙眠和李公麟(公元1040—1106年)的作品现在西方很著名。他用线条画人和马,极其娴熟流畅,为笔墨技法的最高成就。

北宋末期,徽宗皇帝本人在艺术上有很高的造诣,他追求极端的自然主义。徽宗是艺术的保护人。不过尽管他比先前的君王更重视画院,画院却没有再出现伟大的画家。

南宋的画风仍盛,但佛教绘画退缩到几乎完全不见。其时佛教在其发源地印度近于消失。中国儒家学者无情地攻击佛教。佛教徒中禅宗成为主流,他们虽然不是彻底的偶像破坏者,但注重冥想而不重偶像崇拜。这时佛教画家偏爱的题材多是"月下湖畔的白衣观音","沉思中的贤者",或"十六罗汉"之类。这一类作品脱出了早期佛教绘画要求庄严、对称的严格矩的束缚。

在新理学和禅宗佛教统治之下,山水画成了画家们最喜爱的表现媒介。12世纪末到13世纪初,画院又产生一批著名的山水画家,其中有刘松年、梁楷(约公元1203年)、夏珪(约公元1195—1224年)和马远(约公元1190—1225年)。刘松年的青绿山水超过"二李"。梁楷善用线条画人物,背景中的山水也用线条画。但是南宋时期水墨山水画大家首推夏珪和马远二人。夏珪的《长江万里图》充分表现出他的大胆和力度。马远画作中地平线安排得靠下,更受西方人的赏爱。马远的山水画与夏珪不同,他表现一种静寂精致的情调,如云雾背景中的松树。每个学中国画的学生对此题材都极谙熟。在马远以前,画家总是把看见的东西都收入画内。马远的画只有几处山石和一二株树。构图简洁,细部略省,比包罗万象的作品更接近西方人对于风景画的观念。这深深影响到元代绘画。

元代绘画。年代较短的元朝有很多大画家。赵孟頫(公元1254—1322年)以画人物和马著称,但亦擅长山水,同时又是第一流的书法家。他的最著名的画是《鞍马图》。在元朝避官不仕的知识分子中,钱选(公元1235—约1290年)是著名的花鸟画家。

吴镇(公元1280年—1354年),黄公望(公元1264—1354年),倪瓒(公元1301—1374年)和王蒙(公元1385年卒)被推崇为元代四大家。他们都是山水画家。吴镇下笔厚重,但富有空间感,他也擅长画竹。与吴镇鲜明对照的是黄公望及倪瓒,此二人很少用渲染,多用枯笔。倪瓒尤其如此,他常画简单的对象以突出他的风格。王蒙风景画浓墨重笔,一笔一画极为工整。

明清绘画。明代离我们不远,留下较多的画作。壁画很少了,但有些留传至今,如北平附近的法海寺就有明代壁画,技艺相当不错。可是鉴赏家和评论者不把那些壁画看作艺术品,他们只把卷轴画看作艺术大家的作品。明代初期士人们努力仿效唐宋的绘画,但他们的作品的气质与唐宋大不相同。山水画家吴伟追学马远,却创立了"浙派"。边文进(边景昭,约公元1430年)和吕纪(约公元1500年)以花鸟画著称,风格接近黄筌和黄居。林良创立一个画派,作花鸟画特别流畅,类似速写。浙派的最重要的诠释者是戴进(字文进,约公元

1430—1450 年），本是画院画家，后受人嫉害被逐出画院。像当时所有的人那样，他追从宋代大师，尤重马远，结果却创立了自己的画派，画风简洁清新。

学院派和浙派都渐渐消失了。后者演变成所谓的"文人画"风格。明代文人画的四大代表者是沈周（1427—1509 年），唐寅（1470—1523 年），文征明和董其昌（1554—1636 年）。仇英（约 1522—1560 年）原来学习漆画，是工笔画大师，他的作品细致地忠实地记录下当时日常生活的乐趣。明代画家有一个突出的共同点，即毛笔的运用极为熟练，笔画出不止是一根线或一小片泅墨，还表达出调子力度和精神。明代毛笔的运用达到完美的程度。

清代艺术承继了明代的传统。清初南派山水画的代表是"四王"，他们是王原祁（1642—1715 年），王鉴（1598—1677 年），王翚（1632—1717 年）和王时敏（1592—1680 年）。王时敏和王鉴师法董源和黄公望，是清代画家的先驱。王时敏以粗大笔触闻名。王翚是王时敏的弟子，在运笔上超越乃师。据认为他把南派和北派风格加以融合，他的老师称他为画圣。王原祁是王时敏的孙子，是四王中学问最大者，他最得黄公望的意境。王原祁以淡彩山水画著称。

陈洪绶（1599—1652 年）创立一种绘画风格，看似无意，实则每笔均精心考虑精心落墨。仿效陈洪绶的人颇多，石涛善画山水及竹，也是一位看似"随意"的画家。这两人在明代末年已经成熟，他们活到清初，由于他们对后人的影响大，陈洪绶与石涛被视作清代画家。

雕　塑

雕塑,像建筑一样,在中国也未获得应有的承认,我们知道大画家的名字,但雕塑家都默默无闻。

早期的雕塑。最早的雕塑是在安阳商朝的墓葬中发现的。猫头鹰、老虎和乌龟是常见的雕刻母题,也偶有人的形象。那些大理石作品都是圆雕,有些就是建筑部件。表面装饰同那个时代的青铜器的纹样相同。石雕和青铜器在装饰纹样、基本形体和气质方面是一致的。出土的铜面具有的是饕餮,有的是人形。它们都铸造得很好。

公元前 500 年前后,青铜器开始以人和动物形体的圆雕做装饰题材。初时人像是正面跪姿,严格按照"正面律"制作。不久,艺术摆脱束缚去表现动作。总的看,人物造型矮而且呆板,而动物造型见出刀凿的运作精准有致,这是基于对自然的准确观察。

汉、三国、六朝。到汉代,雕塑在建筑上的重要性增加了。室内墙壁上有浮雕装饰,这可以从许多汉墓祭室中得到印证。尤如山东嘉祥武氏墓群,人和动物(狮、羊、吐火兽)的圆雕成对地排列在通往墓室、宫庙的大路两旁。山东曲阜的人像非常呆拙,粗糙,模糊一团,只大致有点像人形。而兽像则造型优美,雄壮而有生气。狮子和吐火兽常常有翼(考虑到中国早期建筑不用人像和兽雕保卫大门,这一做法很可能是在与北方和西方蛮族接触中从西亚传来的)。四川发现的汉阙常有鸟、龙、虎的浮雕,它们是装饰雕刻的上品。

南北朝时,佛教盛行,人像雕刻多起来。有一些 5 世纪的小佛像留传下来。第一批重要的纪念性雕像见于大同云冈,大同是北魏

(386—535年)第一个首都。云冈石窟是印度石窟的中国翻版。除了一些装饰题材（叶饰、回文饰、念珠、甚至爱奥尼或科林斯柱头）和洞窟的基本形制外，看不出在雕刻上有什么印度或其他非中国的特点。固然有少数典型的印度式佛像，但群体还是中国的。

云冈石窟由皇帝下令于452年开始建造，但因首都南迁洛阳，而于494年突然停止。云冈的一部分石窟与印度的"支提"（Chaitya）十分相似。中间是圣坛或窣堵坡。建筑与雕塑则基本是中国式的。早期的较大的雕像有的高度超过70英尺（21米），粗壮结实，身上紧裹着有褶的服装。后来佛像变得苗条些，而头及颈部却几乎是圆柱形的。眉毛弯弯，与鼻梁相接。前额宽而平，在太阳穴处突然后折。眼是细长缝，薄唇，永远微笑，下巴尖尖的。这一特征多在同时期的小型铜佛像上见到。衣服不再紧贴，而是披挂在身上，在脚踝处张开，左右对称，衣褶尖挺如刀，像鸟翼似的张开（这并非偶然，这时期中国书法常有尖锋）。佛像组群中有菩萨像，在印度菩萨作公主般打扮，在中国则几乎取消全部装饰，只戴简单的头巾和一个心形项圈，有长长的肩带，穿过在大腿前的环。

公元495年，在洛阳附近的龙门，在伊川河的山岩上开始开凿龙门石窟，情形与大同云冈近似。这里的佛像头部更圆润而较少圆柱形，衣褶不那么尖了，仍然对称，但更流畅，富有高雅的装饰性。有些洞窟的墙面上有浮雕，一面是皇帝像，对面是皇后像，各有随从侍候，表现着最高级的构圈。龙门的雕凿工作持续到9世纪后期。

北齐（公元550—557年）统治者笃信佛教而过火。但在其统治的末期，方才开始开凿天龙山石窟，这些石窟里的大部分佛像站立着，头部是浑圆的，额头明显较低，眼睛虽然仍细但比较长，鼻与唇比较饱满。先前时期那种迷人的微笑几乎不见了,衣褶简单,直上直下。

隋与唐的雕塑。隋代立像的腹部独特地挺出。头占全身的比例变小,鼻子和下颚较以前丰满。眼睛仍细,但上眼皮凸出一些,显出其下的眼珠。这微微凸出的眼皮与眉毛下面的弧形平面相交形成柔和的凹沟。这交线像一张弓,重复了眉和眼睛的韵律。嘴变小了,造型精致的双唇使雕像微带笑意。颈子如截去尖端的圆锥体,从胸部突然伸出,与头部生硬相接。颈部中段横一道深深的皱褶。衣服上的衣褶自然,卷边非常精致,如来佛的服饰永远保持朴素,与之相反,菩萨的服饰变得华丽。头巾和项链上嵌着宝石般的装饰。珠链从肩上垂下,间隔地挂着饰物,抵到膝部以下。

中国的雕塑,尤其是佛教雕塑,在唐代直抵顶峰。北魏开始的龙门石窟达到新的高度。在唐帝国版图之内,到处都热情地雕凿佛像。大约在9世纪末,中原的信徒们失去了对石窟的兴趣。敦煌石窟仍在继续,在中国中部,石窟开凿转移到四川,那儿有一些晚唐的石窟。在四川这一活动历经宋、元,延续到明代。

唐初与隋代的风格接近,很难明确区分。到7世纪中期,唐代自己的风格出现了。雕像更加自然主义了。大多数立像呈S形姿式,由一条腿平衡,放松的那条腿的臀部和同侧的肩部略向前倾。头部稍稍偏向另一边。躯体丰满,腰部仍细。菩萨的脸部饱满,眉毛优雅地弯曲,不像前一时期那样过分,很自然地呈弧形勾画出天庭。眉弓下也不再有凹沟。眼睛上皮更宽,眉下的曲面减窄。鼻子稍短,鼻梁稍短也稍低。鼻端与嘴稍近,嘴唇更有表情。发际移下,额头高度稍减,这时期的菩萨像的装饰不那么华丽了。头巾简化,头发在头顶上堆成高髻。服装更合身。仍然戴着珠串,但挂着的饰物减少了。

到 8 世纪初,出现一种非常人性化的如来佛像。他被雕凿成一个自我满足的,心宽体胖的俗世之人,下巴松弛,看不见颈子,有胖胖凸出的肚子。这是关于在菩提伽叶森林中行的苦行者的不寻常的观念。这样的佛像不多见,但就人体形象的雕凿而言是十分高超的。

唐末,在四川人迹罕至的地区的石窟中出现由新传播的密宗(或密教,意为秘密教派)搞的反映奇幻心理的偶像。不过人和服饰的处理与唐代传统相似。那里,一整片墙只描绘一个题材。同时期在敦煌一再出现的描绘净土的壁画,用堆塑来表现,用单一的构图。这在先前的石窟雕塑从未见过。

唐代雕刻家雕刻动物的技艺特别高超,许多作品藏在唐代帝王陵墓中的地下。欧洲和美国博物馆展出了小件作品。

宋代雕塑。唐朝之后,石造佛像几乎停止了。宋代庙宇中供奉的佛像是木刻的或泥塑的,偶尔也有用铜铸的。只有四川地区的石窟中例外。几乎没有铜佛像能在以后各时期逃避被熔化之祸而流传至今。最有名的例外是河北正定的 70 英尺高的铜观音,它由宋太祖(960—976 年在位)下令铸造。泥塑佛像不计其数。极精美的一组在大同华严寺祭台上。河北蓟县独乐寺十一面泥塑观音像高 60 英尺(18 米),风格十分接近唐代传统,是中国最高大的泥塑佛像。许多宋代木雕佛像流入西方博物馆。

宋代雕塑最突出之点是脸部浑圆,额头比以前宽,短鼻,眉毛弧形不显,眼上皮更宽,嘴唇较厚,口小,笑容几乎消失,颈部处理自然,自胸部伸出,支持头颅,与头胸之间没有分明的界线。

唐朝菩萨那种 S 形曲线姿式不见了。宋代雕塑虽然并不僵硬,但唐代那种轻松地支持体重并降低放松的那一侧身体的安闲相不是宋代雕刻者所能掌握的。禅宗搞出另一种观音像,她坐在石头上,一脚踏石,一脚垂下。这种复杂的姿式向雕刻家提出了处理身躯和衣褶的新问题。

南宋时期,四川石窟雕刻艺术衰落,尤其是菩萨像,此时日益显现为女身。服装过分华丽,珠宝、装饰太多。姿式僵硬,甚至冷淡,表情空漠。四川最好的作品是大足石刻中少女般的菩萨群像。

元、明、清雕塑。元代,喇嘛教从西藏传入中原,该教派的雕塑匠人也来了,他们影响了明、清的雕塑。他们的塑像大都交腿而坐,胸宽、腰细如蜂,肩方。头部短胖,前额重现全身的韵律。头顶是平的,上面有浓密的螺髻,是如来佛头顶上特有的疙瘩形发式。

明、清两代是中国雕塑史上可悲的时期。这个时期的雕像一没有汉代的粗犷;二没有六朝的古典妩媚;三没有唐代的成熟自信;四没有宋代的洛可可式优雅。雕塑者的技艺蜕变为没有灵气的手工劳动。

(吴焕加　译　陈志华　校)

建筑的民族形式①

——1950 年 1 月 22 日在营建学研究会讲

在近一百年以来，自从鸦片战争以来，自从所谓"欧化东渐"以来，更准确一点地说，自从帝国主义侵略中国以来，在整个中国的政治、经济、文化中，带来了一场大改变，一场大混乱。这个时期整整延续了一百零九年。在 1949 年 10 月 1 日中国的人民已向全世界宣告了这个时期的结束。另一个崭新的时代已经开始了。

过去这一百零九年的时期是什么时期呢？就是中国的半殖民地时期。这时期中国的政治经济情形是大家熟悉的，我不必在此讨论。我们所要讨论的是这个时期文化方面，尤其是艺术方面的表现。而在艺术方面我们的重点就是我们的本行方面、建筑方面。我们要检讨分析建筑艺术在这时期中的发展，如何结束，然后看：我们这新的时代的建筑应如何开始。

在中国五千年的历史中，我们这时代是一个第一伟大的时代，第一重要的时代。这不是一个改朝换姓的时代，而是一个彻底革命，在

---

① 　本文系作者 1950 年 1 月 22 日在营建学研究会的讲话稿。据手稿整理，未曾发表。——左川注

政治经济制度上彻底改变的时代。我们这一代是中国历史中最荣幸的一代，也是所负历史的任务最重大的一代。在创造一个新中国的努力中，我们这一代的每一个人都负有极大的任务。

在这创造新中国的任务中，我们在座的同仁的任务自然是创造我们的新建筑。这是一个极难的问题。老实说，我们全国的营建工作者恐怕没有一个人知道怎样去做，所以今天提出这个问题，同大家检讨一下，同大家一同努力寻找一条途径，寻找一条创造我们建筑的民族形式的途径。

我们要创造建筑的民族形式，或是要寻找创造建筑的民族形式的途径，我们先要了解什么是建筑的民族形式。

大家在读建筑史的时候，常听的一句话是"建筑是历史的反映"，即每一座建筑物都忠实地表现了它的时代与地方。这句话怎么解释呢？就是当时彼地的人民会按他们生活中物质及意识的需要，运用他们原来的建筑技术的基础上利用他们周围一切的条件去取得选择材料来完成他们所需要的各种的建筑物。所以结果总是把当时彼地的社会背景和人们的所遵循的思想体系经由物质的创造赤裸裸的表现出来。

我们研究建筑史的时候，我们对于某一个时代的作风的注意不单是注意它材料结构和外表形体的结合，而且是同时通过它见到当时彼地的生活情形、劳动技巧和经济实力思想内容的结合。欣赏它们的在渗合上成功或看出它们的矛盾所产生的现象。

所谓建筑风格，或是建筑的时代的、地方或民族的形式，就是建筑的整个表现。它不只是雕饰的问题，而更基本的是平面部署和结构方法的问题。这三个问题是互相牵制着的。所以寻找民族形式的途径，要从基本的平面部署和结构方法上去寻找。而平面部署及结构方法之产生则是当时彼地的社会情形之下的生活需要和技术所决定的。

依照这个理论，让我们先看看古代的几种重要形式。

第一：我们先看一个没有久远的文化传统例子——希腊。在希腊建筑形成了它特有的风格或形式以前，整个地中海的东半已有了极发达的商业交流以及文化交流。所以在这个时期的艺术中，有许多"国际性"的特征和母题。在 Crete 岛上有一种常见的"圆窠"花，与埃及所见的完全相同。埃及和亚述的"凤尾草"花纹是极其相似的。

当希腊人由北方不明的地区来到希腊之后，他们吸收了原有的原始民族及其艺术，费了相当长的时间把自己巩固起来。Doric order 就是这个巩固时期的最忠实的表现。关于它的来源，推测的论说很多，不过我敢大胆的说它是许多不同的文化交流的产品，在埃及 Beni-Hasan 的崖墓和爱琴建筑中我们都可以追溯得一些线索。它是原始民族的文化与别处文化的混血儿。但是它立刻形成了希腊的主要形式。在希腊早期，就是巩固时期，它是惟一的形式。等到希腊民族在希腊半岛上渐渐巩固起来之后，才渐渐放胆与远方来往。这时期的表现就是 Ionic 和 Corinthian order 之出现与使用，这两者都是由地中海东岸传入希腊的。当时的希腊人毫不客气的东拉西扯的借取别的文化果实。并且由他们本来的木构型成改成石造。他们并没有创造自己民族艺术的意思，但因为他们善于运用自己的智慧和技能，使它适合于自己的需要，使它更善更美，他们就创造了他们的民族形式。这民族形式不只是表现在立面上。假使你看一张希腊建筑平面图，它的民族特征是同样的显著而不会被人错认的。其次，我们可以看一个接受了已有文化传统的建筑形式——罗马。罗马人在很早的时期已受到希腊文化的影响，并且已有了相当进步的工程技术。等到他们强大起来之后，他们就向当时艺术水平最高的希腊学习，吸收了希腊的格式，以适应于他们自己的需要。他们将希腊和 Etruscan 的优点联合起来，为适应他们更进一步的生活需要，以高水准的工程技术，极谨慎的平面部署，极其华丽丰富的雕饰，创造了一种前所未有的建筑形式。（举例：Bath of Caracalla，Colosseum）

我们可以再看一个历史的例子——法国的文艺复兴。在十五世纪末叶，法王 Charles 七世，路易十二世，Francis 一世多次的侵略意大利，在军事政治上虽然失败，但是文化的收获却甚大。当时的意大利是全欧文化的中心，法国的人对它异常的倾慕，所以不遗余力的去模仿。但是当时法兰西已有了一种极成熟的建筑，正是 Gothic 建筑"火焰纹时期"的全盛时代，他们已有了根深蒂固的艺术和技术的传统，更加以气候之不同，所以在法国文艺复兴初期，它的建筑仍然是从骨子里是本土的、民族的。大面积的窗子，陡峻的屋顶，以及他们生活所习惯的平面部署，都是法兰西气候所决定的。一直到了十七世纪，法国的文复式建筑，而对于罗马古典样式已会极娴熟的应用，成熟了他法国的一个强有民族性的样式，但是他们并不是故意的为发扬民族精神而那样做，而是因为他们的建筑师们能采纳吸收他们所需要的美点，以适应他们自己的条件、材料、技术和环境。

历史上民族形式的形成都不是有意创造出来的，而是经过长期的演变而形成的。其中一个主要的原因就是当时的艺术创造差不多都是不自觉的，一切都在不自觉中形成。

但是自从十九世纪以来，因为史学和考古学之发达，因为民族自觉性之提高，环境逼迫着建筑师们不能如以往的"不识不知"地运用他所学得的,唯一的方法是去创造。在 19 世纪中,考古学的智识引诱着建筑师自觉的去仿古或集古;第一次世界大战以后许多极端主义的建筑师却否定了一切传统。每一个建筑师在设计的时候,都在自觉地创造他自己的形式,这是以往所没有的现象。个人自由主义使近代的建筑成为无纪律的表现。每一座建筑物本身可能是一件很好的创作,但是事实上建筑物是不能脱离了环境而独善其身的。结果,使得每一个城市成为一个千奇百怪的假古董摊,成了一个建筑奇装跳舞会。请看近来英美建筑杂志中多少优秀的作品,在它单独本身上的优秀作品,都是在高高的山崖上,葱幽的密林中,或是无人的沙漠上。这充分表明了个人自由主义的建筑之失败,它经不起城市环境的考验,只好逃避现实,脱离群众,单独的去寻找自己的世外桃源。

在另一方面,资本主义的土地制度,使资本家将地皮切成小方块,一块一块的出卖,唯一的目的在利润,使得整个城市成为一张百衲被,没有秩序,没有纪律。

19 世纪以来日益发达的交通,把欧美的建筑病传染到中国来了。在一个多世纪的时间中,中国人完全失掉了自信心,一切都是外国的好,养成了十足的殖民地心理。在艺术方面丧失了鉴别的能力,一切的标准都乱了。把家里的倪云林或沈石田丢掉,而挂上一张太古洋行的月份牌。建筑师们对于本国的建筑毫无认识,把在外国学会的一套罗马式、文艺复兴式硬生生的搬到中国来。这还算是好的。至于无数的店铺,将原有壮丽的铺面拆掉,改做"洋式"门面,不能取得"洋式"的精华,只抓了一把渣滓,不是在旧基础再取得营养,而是把自己的砸了又拿不到人家的好东西。彻底地表现了殖民地的性格。这一百零九年可耻的时代,赤裸裸地在建筑上表现了出来。

在 1920 年前后,有几位做惯了"集仿式"(Eclecticism)的欧美建筑师,居然看中了中国建筑也有可取之处,开始用它们做各种样式的方法,来做他们所谓"中国式"的建筑。他们只看见了中国建筑的琉璃瓦顶,金碧辉煌的彩画,千变万化的窗格子。做得不好的例就是他们就盖了一座洋楼,上面戴上琉璃瓦帽子,檐下画了些彩画,窗上加了些菱花。也许脚底下加了一个汉白玉的须弥座。不伦不类,犹如一个穿西装的洋人,头戴红缨帽,胸前挂一块缙子,脚上穿一双朝靴,自己以为是一个中国人!协和医院,救世军,都是这一类的例子。燕京大学学得比较像一点,却是请你去看:有几处山墙上的窗子,竟开到柱子里去了。南京金陵大学的柱头上却与斗拱完全错过。这真正是皮毛的,形式主义的建筑。中国建筑的基本特征他们丝毫也没有抓住。在南京,在上海,有许多建筑师们也卷入了这个潮流,虽然大部分是失败的,但也有几处差强人意的尝试。

现在那个时期已结束了,一个新的时代正在开始。我们从事于营建工作的人,既不能如古代的匠师们那样不自觉的做,又不能盲目的做宫殿式的仿古建筑,又不应该无条件的做洋式建筑。怎么办呢?我们唯有创造我们自己的民族形式的建筑。

我们创造的方向,在共同纲领第四十一条中已为我们指出。"中华人民共和国的文化教育为新民主主义的,即民族的,科学的,大众化的文化教育。"我们的建筑就是"新民主主义的,即民族的,科学的,大众化的建筑"。这是我们的纲领,是我们的方向,我们必须使其实现。怎样的实现它就是我们的大问题。

从建筑学的观点上看,什么是民族的,科学的,大众化的?我们可以说:有民族的历史,艺术,技术的传统,用合理的,现代工程科学的设

160

计技术与结构方法，为适应人民大众生活的需要的建筑就是民族的，科学的，大众化的建筑。这三个方面乍看似各不相干，其实是互相密切的关联，难于分划的。

在设计的程序上，我们须将这次序倒过来。我们第一步要了解什么是大众化，就是人民的需要是什么。人民的生活方式是什么样的，他们在艺术的，美感的方面的需要是什么样的。在这里我们营建工作者担负了一个重要的任务，一个繁重困难的任务。这任务之中充满了矛盾。

一方面我们要顺从人民的生活习惯，使他们的居住的环境适合于他们的习惯。在另一方面，生活中有许多不良习惯，尤其是有碍卫生的习惯，我们不惟不应去顺从它，而且必须在设计中去纠正它。建筑虽然是生活方式的产品，但是生活方式也可能是建筑的产品。它们有互相影响的循环作用。因此，我们建筑师手里便掌握了一件强有力的工具，我们可以改变人民的生活习惯，可以将它改善，也可以助长恶习惯，或延长恶习惯。

但是生活习惯之中，除去属于卫生健康方面者外，大多是属于社会性的，我们难于对它下肯定的批判。举例说：一直到现在有多数人民的习惯还是大家庭，祖孙几代，兄弟姊娌几多房住在一起。它有封建意味，会养成家族式的小圈子。但是在家族中每个人的政治意识提高之后，这种小圈子便不一定是不好的。假使这一家是农民，田地都在一起，我们是应当用建筑去打破他们的家庭，抑或去适应他们的习惯？这是应该好好考虑的。又举一个例：中国人的菜是炒的，必须有大火苗。若将厨房电气化，则全国人都只能吃蒸的、煮的、熬的、烤的菜，而不能吃炒菜，这是违反了全中国人的生活习惯的。我个人觉得必须去顺从它。

现在这种生活习惯一方面继续存在,其中一部分在改变中,有些很急剧,有些很迟缓,另有许多方面可能长久的延续下去。做营建工作者必须了解情况,用我们的工具,尽我们之可能,去适应而同时去改进人们大众的生活环境。

这一步工作首先就影响到设计的平面图。假使这一步不得到适当的解决,我们就无从创造我们的民族形式。

科学化的建筑首先就与大众化不能分离的。我们必须根据人民大众的需要,用最科学化的方法部署平面。次一步按我们所能得到的材料,用最经济,最坚固的结构方法将它建造起来。在三个方面中,这方面是一个比较单纯的技术问题。我们须努力求其最科学的,忠于结构的技术。

在达到上述两项目的之后,我们才谈得到历史艺术的技术的传统。建筑艺术和技术的传统又是与前两项分不开的。

在平面的部署上,我们有特殊的民族传统。中国的房屋由极南至极北,由极东到极西,都是由许多座建筑物,四面围绕着一个院子而部署起来的。它最初的起源无疑的是生活的需要所形成。形成之后,它就影响到生活的习惯,成为一个传统。陈占祥先生分析中国建筑的部署;他说,每一所宅子是一个小城,每一个城市是一个大宅子。因为每一所宅子都是多数单座建筑配合组成的,四周绕以墙垣,是一个小规模的城市,而一个城市也是用同一原则组成的。这种平面部署就是我们基本民族形式之一重要成分。它是否仍适合于今日生活的需求?今日生活的需求可否用这个传统部署予以合理适当的解决?这是我们所要知道的。

其次是结构的问题。中国建筑结构之最基本特点在使用构架法。中国建筑系统之所以能适用于南北极端不同之气候就因为这种结构法所给予它在墙壁门窗分配比例上以几乎无限制的灵活运用的自由。它影响到中国建筑的平面部署。凑巧的,现代科学所产生的R.C.及钢架建筑的特征就是这个特征。但这所用材料不同,中国旧的是木料,新的是R.C.及钢架,在这方面,我们怎样将我们的旧有特征用新的材料表现出来。这种新的材料,和现代生活的需要,将影响到我们新建筑的层数和外表。新旧之间有基本相同之点,但在施工技术上又有极大的距离。我们将如何运用和利用这个基本相同之点,以产生我民族形式的骨干? 这是我们所必须注意的。在外国人所做中国式建筑中,能把握这个要点的惟有北海北京图书馆。但是仿古的气味仍极浓厚。我们应该寻找自己恰到好处的标准。①

---

① 原文到此为止,文后仅列有"外表""文法字句"两个题目。——左川注

中国建筑发展的历史阶段[①]

　　建筑是随着整个社会的发展而发展的。它和社会的经济结构、政治制度、思想意识与习俗风尚的发展有着密不可分的联系。经济的繁荣或衰落，对外战争或文化交流和敌人入侵等都会给当时建筑留下痕迹。因此我们不能脱离这一切，孤立地去研究建筑本身的发展演化；那样我们将无法了解建筑发展的真实内容，不能得出任何正确的结论。

　　中国建筑也是如此。它随着各个时代政治、经济的发展，也就是随着不同时代的生产力和生产关系，产生了不同的特点，但是同时还反映出这特点所产生的当时的社会思想意识，占统治地位的世界观。生产力的发展直接影响到建筑的工程技术，但建筑艺术却是直接受到当时思想意识的影响，只是间接地受到生产力和生产关系的影响的。

---

　　① 本文原载《建筑学报》1954 年 12 月第 2 期，1954 年梁先生当选为建筑学会副主任和《建筑学报》编委会主任委员，并任"学报"主编，林徽因当选为建筑学会理事。刊本文时，为"学报"创刊号，并预告了下一期 1955 年 1 期将刊出梁先生的《中国建筑的优秀实例》。1955 年 2 月，梁先生受到批判，"学报"主编职务被撤，已印出刊行的《建筑学报》1955 年 1 期，被勒令全部销毁。同时，本文也遭到批判；林徽因也受到株连，当时正病重住院。同年 4 月林徽因病逝。本文发表时署名：梁思成 林徽因 莫宗江。——曹讯注

现在我们试将中国四千年历史中建筑的发展分成为若干主要阶段,将各个阶段中最有代表性的现存实物和文史资料中的重要建筑与建筑活动的叙述加以分析,说明它们的特点,并从它们和整个社会发展状况相联系的观点上来了解观察这些特点:看它们是怎样被各个不同时代的劳动人民创造出来,解决了当时实际生活所提出来的什么样的复杂问题;在满足当时使用者的物质的和精神的许多不同的要求时,曾经创造过些什么进步传统,累积了些什么样的工程技术方面的经验,和取得了什么样的造型艺术方面的成就。

这些阶段彼此并不是没有联系的。相反的,它们都是互相衔接不可分割的;虽是许多环节,却组成了一根整的链条。每一时代新的发展都离不开以前时期建筑技术和材料使用方面积累的经验,逃不掉传统艺术风格的影响。而这些经验和传统乃是新技术、新风格产生的必要基础。

各时代因生产力的发展,影响到社会生活的变化,而这些变化又都一定要向建筑提出一些新的问题新的要求。这些社会生活的变化,一大部分是属于上层建筑的意识形态的。因此这些新问题新要求也有一大部分是属于思想意识的,不完全属于物质基础的。为了解决这些新问题,满足这些新要求,便必须尝试某些新的表现方法,渗入到原来已习惯的方法中,创造出某些新的艺术体形新的艺术内容,产生出新的艺术风格,并且同时还不得不扬弃某些不再合用的作风和技术。这样,在前一时期原是十分普遍的建筑特点,在内容和形式上便都有了或多或少的改变,后一时期的建筑特点就开始萌芽。这就是建筑的传统与革新的必定的过程。

在相当一个时期之内,最普遍的已发展成熟且代表着数量较大,为当时主要类型的建筑物的风格特征的，我们把它们概括地归纳在一个历史阶段之内。因此这个阶段中，前后期的实物必然是承上启下，有独特变化的一些范例。我们现在很不成熟地暂将几千年的中国建筑大略分成如下七个阶段，为的是能和大家将来做更细致的商榷和研究。

第一阶段——从远古到殷
（公元前 1122 年以前）

考古学家在河北省房山县周口店龙骨山发现的"北京人"遗址供给我们中国建筑史上最早的实物资料。它说明四五十万年前，华北平原上使用极粗的石器，已知用火的猿人解决居住问题的"建筑"是天然石灰岩洞穴。

在周口店猿人洞的山顶上又发现有约十万年前的人骨化石、石器和骨器。考古家称这时期的文化为"山顶洞文化"。这时遗留的兽骨、鱼骨，证明这时的人过的是渔猎生活。遗物中有骨针，证明他们已有简单的缝纫；人骨化石旁散有染红的石珠，显然他们已有爱美装饰的观念。

天然洞穴之外，还有人工挖掘的窖穴，许多是上小下大的"袋形穴"。这些大约是公元前三千年的遗迹。在华北黄土区峭壁上也有掘进土壁的水平的洞。

中国境内一向居住着文化系统不同，祖先世系不同的各种族。他们各在所居住的土地上，和自然界做斗争，发展自己的文化，也互相有冲突，互相影响以至于融合。在地下遗物中留着不少痕迹。在河南渑

166

池县仰韶村发现有较细的石器、石制农具、石制纺轮、石镞和彩色陶器等遗物的遗址。这些遗物证明居住在这里的人的生活情况是畜牧业和最原始的农业逐渐代替了渔猎,因而开始定居,并有了手工业。和它同系的文化散布在广大的中国西北地区,总称作"仰韶文化"。当时的人居住过的遗址多半在河谷里,大约为了取水方便,又可以利用岸边高地掘洞穴。在山西夏县遗址中所见,他们的住处是挖一长方形土坑,四面有壁,像小屋,屋屋相连,很像村落。仰韶文化是中国先民所创造的重要文化之一,考古家推断为黄帝族的文化,比羌、夷、苗、黎等族有更高的成就,距今约有四五千年。这时期不但有较细致的石制骨制器物,而且纹饰复杂,色彩美丽,有犬、羊和人的形纹画在陶器上。遗迹中有许多地穴,虽然推测穴上也可能有树枝茅草构成的覆盖部分,但因木质实物丝毫无存,无法断定。

古代文献给我们最早的纪录资料是春秋时人提到的尧、舜时期的房子:尧的"堂高三尺,茅茨土阶"。现在我们所已得到的最早的建筑实物是河南安阳殷时代的宫殿或家庙遗址:底下有高出地面的一个土台,上有排列的石础和烧剩的木柱的残炭。大体上它们是符合于"堂高三尺"的说法的。但由于殷墟遗址上地穴仍然很多,一般人们居住的主要仍是穴居和半穴居方法,有茅茨和高出地面的土台的,可能是阶级社会开始时的产物,在尧时还没有出现。殷墟夯土台以下所发见比殷文化更早的穴居,它们是两两相套的圆形穴,状如葫芦,也像古代象形字里的"窗"(宫)字,穴内墙面已用白灰涂抹。

阶级社会开始于夏。夏的第一代禹是原始灌溉的发明者,又因同黎族、苗族战争胜利,把俘虏做奴隶,用于生产,是生产力大大跃进的时代。

生产力的提高开始影响到生产关系。禹的儿子启承继父亲做酋长，开始了世袭制度。历史上称这一世系的统治者做夏朝，是中国历史上第一个朝代。由这个时期起才开始破坏了原始公社制度，产生了阶级社会；社会中贵与贱，贫与富逐渐分化，向着奴隶制度国家发展。

夏的文化就是考古学家所称的黑陶或龙山文化，分布地区很广（河南、山东和江南都有遗物发现），农业知识和手工艺的水平高于仰韶文化。但夏时常迁都，主要遗址尚待发掘。传说夏有城郭叫作"邑"。财产私有才有了保卫的必要；有了奴隶的劳动，城池一类的大土方建筑也成了可能。在山东龙山镇城子崖发现一处有版筑城墙的遗址，墙高约六米，厚约十米，南北长450米，东西390米，工程坚固，但是否夏的实例，我们还不能得出结论。夏启袭位以后，召集各部落酋长在"钧台"大会，宣告自己继位。因为夷族不满意，启迁到汾浍流域的大夏，建都称作"安邑"。这两个作为地名的"台"和"邑"和这类型的建筑物可能是有关系的。高出地面的和围起来的建筑物似乎都是在阶级社会形成的初期出现的。

夏启传到著名暴君桀是四百多年长的时间，纺织业和陶器物都很发达，已用骨占卜，后半期也有铜的遗物。文化又有若干进展。奴隶主的残酷统治招致了灭亡。夏桀是被殷的祖先商汤所灭。

商是在东方的部落，在灭夏以前已有十几代，文化已有相当发展，农业知识比夏更高，手工业也更进步，并且已利用奴隶生产，增加货物的制造。和建筑技术有密切关系的造车技术也传说是汤的祖先相土和王亥等所发明的。尤其是王亥曾驾着牛车在部落间做买卖交易货物，这个事实和后代的殷民驾车经营商业的习惯有关。

商汤传了十代，迁都五次，到盘庚才迁移到现在河南安阳县的小屯村。这地方就是考古学家曾作科学发掘研究的殷墟遗址所在。内中有供我们参考的中国最早的地面建筑物的基址残迹。盘庚以后传到被周武王灭掉的纣,商朝文化又经过六百余年的发展。

在阶级剥削的基础上,商朝的文化比夏朝更有显著的进步。中国古代文化,包括文学、音乐、艺术、医药、天文、历法、历史等科学,在商朝都奠定了初基,建筑也不是例外。

殷墟遗址的发掘给了我们一些关于殷代建筑的知识。遗址是一些土台,大致按东西和南北的方向排列着,每单位是长方形的,长面向前。发掘所见有夯土台基,柱下有础石,且用铜槉垫在柱下,间架分明,和后代建筑相同。因有东西向的和南北向的基址,可见平面上已有“院”的雏形。大建筑物之前还有距离相等的三座作为大门的建筑。韩非子所说的尧“堂高三尺,茅茨土阶”倒很像是描写殷代的宫殿或家庙的建筑。至于《史记》所说“南距朝歌,北据邯郸及沙丘,皆为离宫别馆”,形状如何,已不可见。殷亡后,封在朝鲜的殷贵族箕子来朝周王,路过殷墟,有“感宫室毁坏生禾黍”的话。我们知道这些建筑在周灭殷时就全部被焚毁了。考古学家断定殷墟所发掘的基址是“家庙”。这些基址的周围有许多坑穴,埋着大量的兽骨——祭祀时所杀的祭牛乃至象、鹿等骨骼,也有埋着人骨的。另外经过发掘的是一些大型墓葬,内部用巨木横叠结构作墓室,规模庞大,不但殉葬器物数量大,珍品多,还杀了大量俘虏殉葬。这些资料所反映的情况是殷统治者残酷地对待奴隶,迷信鬼神,隆重地祭祀祖先,积聚珍品器物,驱使有专门技术的工奴为统治者制造铜器、玉器、陶器、骨器、纺织等和进行房屋建造。遗址中还有制造各种器物的工场。

第二阶段——西周到春秋·战国

（公元前 1122—247 年）

周是注重农业生产而兴旺起来的小部落，对耕作的奴隶比较仁慈。周文王的祖父太王的时代，被戎狄所迫，不愿战争，率领一批人民迁到岐山下（陕西岐山县），许多其他地方的人民来依附他，人口增多。太王在周原上筑城郭家屋，让人居住，分给小块土地去开垦，和耕种者之间建立了一种新的关系。从此就开始了封建制度的萌芽，也成立了粗具规模的小国。

在我国最古的文学作品"诗经"里有一篇关于周初建筑的歌颂和描写，使我们知道，周初开始的新政治制度的建筑和殷末遗址中迷信鬼神，残酷对待奴隶的建筑，内容上是极不相同的。诗里先提到的是生活更美好，人民对这次建造有很高的情绪，例如说周祖先过去都是穴居的，"未有家室"，而迁到岐下时便先量了田亩，划出区域，找来管工程的"司空"和管理工役的"司徒"，带了木版、绳子和版筑用的工具来建造房子。他们打着鼓，兴奋地筑起用土夯筑的许多堵墙壁。接着又说先建了顶部舒展如翼的宗庙，"作庙翼翼"，然后又立起很高的"皋门"和整齐的"应门"，然后筑集会用的"大社"的土台或广场。虽然当时的具体形象我们不得而知，可注意的是这时建筑已不是单纯解决实用的而是有代表政治制度思想内容的作用的，并且在写这章诗的年代，已意识到人们对自己所创造的建筑物的艺术形象所起的效果是感觉愉快而骄傲的。

周文王反对殷统治的残暴、贪财、侈奢、酗酒和嬉游无度，荒废耕地。他自己所行的是裕民政策，他的制度建立在首领奉行"代天保民"，后代称为行"仁政"的思想上。事实上，这就是征收较有节制的租税，不强迫残暴的劳役，让农家有些积蓄，发生力耕的兴趣，提高生产。关于这种政治情况的时代的建筑物，一定还很简单朴实，如《诗经》所载周文王著名的灵囿，囿中有灵台和灵沼。古代的囿是保留着有飞禽走兽供君王游猎的树林区；内中的台和沼，就是供狩猎时瞭望的建筑，和养禽鸟的池沼。这种供古代统治者以射猎集会、聚众游宴的台，或开始于更远古利用天然的土丘而发展的，到了春秋战国，诸侯强盛的时候，才成为和宫室同样重要的台榭建筑。再发展而成为秦汉皇宫苑囿中一种主要建筑物，侈丽崇峻的台殿楼观，积渐成为中国建筑中"亭台楼阁"的传统。

《诗经》中有一篇以文王灵台为题材，描写人民为他筑台时的踊跃情形以反映政治良好的气象的诗。足见封建初期征用劳动力还有限，劳动人民和统治者在利益上，还没有大的矛盾，对于大建筑物的兴建，人民是有一定的热情和兴趣的。这正是周制度比商进步的证据。但是无可疑问的，这时周的工艺还简陋，远不如代代有专门技术奴隶进行制造奢侈器物的商和殷。殷统治下的氏族百工，分工很细，有大量奴隶。周公灭殷时，分殷民六族给鲁，七族给卫，内中就有九种专工。殷的铜器和刻玉，不但在技术上达到高度发展，在艺术造型和纹样图案方面也到了精致无比的程度。周占有了殷的百工后，文化艺术才飞跃地向前发展了。

西周之初，曾建造过三次城，一次比一次规模大，反映出它的发展，且每次内容也都反映出当时政治经济的情况的特点。第一次是他们农业发展到渭水流域，在沣水西边，文王建丰邑。第二次是武王建镐京,不但在沣水东边,而且由称"邑"到称"京",在规模上必然是有区别的。第三次是周公在洛阳建王城,后来称东京。这次的营建是政治军事的措施。周灭东边的强国殷,俘虏了殷的贵族(大小奴隶主们),降为庶民;他们不服,周称他们作"顽民",成了周政治上一个问题。为了防止叛乱,能控制这些"顽民",周公选了洛阳,筑了成周,把他们迁到那里生产,并驻兵以便镇压。因此在成周之西三十余里,建造了中国最古的有规划的极方正的王城。这种王城的规模制度,便成了中国历代封建都市的范本。

一向威胁西周安全的是戎狄,反映在建筑上就有烽火台这种军事建筑物,它是战国时各国长城的先声。

到现在为止,我们对遗址从未作过科学发掘的西周建筑,没有一点具体实物资料。号称周文王陵的大坟墓也有待于考古家发掘证实;过去有所谓文王丰宫的瓦当是极可怀疑的遗物。

周的政治制度,虽说是封建制度的萌芽,但是在建筑物上显然表现出当时是利用大量奴隶俘虏进行建造的,如高台、土城、陵墓都是需要大量劳动力的,有大量土方的工程,而主要的劳动力的来源是俘虏的奴隶。

西周被戎狄攻入,迁到洛阳称东周以后到春秋战国,王室衰微,诸侯各在自己势力范围内有最大权威,成立独立的大小国家。他们不严格遵守领主所有制:原来领主封得的土地可以自由买卖,产生了新兴的地主阶级。又因开始使用铁器,不但农业生产提高,并且大大影响到手工业和商业的发展。诸侯国的商业比周王国更发达。各处出现了大小都邑,如齐的临淄,赵的邯郸,郑的郑邑,卫的卫邑和晋的绛,后来还有秦的咸阳和楚的寿春等等。这些城邑,都是人口增多,成了大商业中心。临淄的人口增到了七万户。手工业者由奴隶的身份转变为自由职业的匠人，还有自己的"肆"，坐在肆中生产并营业。巧匠是很被推崇的人物，尤其是木匠和造车的，都留下闻名到后代的匠师，如鲁的公输班和轮匠扁这样的人物。

春秋战国时代，不但生产力和生产关系都起了变化，各国文化也因同非华族的民族不断战争和合并，推动了很蓬勃的发展。东方齐、鲁、卫早在商殷的基础上加了夷族的贡献，发展了华夏文化；最先使用铁器的就是夷族。南方又有楚越开发长江流域的文化，吸收苗蛮的成就；如蚕业和漆器的卓越成就，不可能没有苗民的贡献。西方的秦在戎狄中称霸，开国千里，又经营巴蜀，一跃而成为诸侯国中最先进的国家。晋楚中间的小国郑，商业极端发达，用自己的经济特点维持在大国间自己一定的势力。近来新郑出土的铜器证明它的手工业也有自己极优秀的创造。这时北方的燕开始壮大，筑长城防东胡，发展中国北面的文化。韩、赵、魏三家分晋，各自独立发展，仍然都是强国。这样分布在全中国多民族的文化发展，后来归并成了七国，是统一中国的秦汉的雄厚基础，其中秦楚的贡献最大。

在建筑上，这时期最重要的是为农业所最需要的"邑"的组织形式：如有"十室之邑"和"千室之邑"等这种不同的单位。大都邑有时也称国，国有城池之设，外有乡民所需要的"郭"；内有商业所需要的"市"；卿士们所住的"里"；手工业生产者所需要的"肆"；诸侯的宫室、宗庙、路寝；招待各国使者的"馆"；王侯宴会作乐的"台榭陂池"以及统治者的陵墓。人民所创造的财富愈大，技术愈精，艺术愈高，统治者愈会设法占有一切最高成就为他们的权力乃至于不合理的享乐服务。宫室和台榭等等在这个时代，很自然地开始有雕琢加工的处理出现。

晋灵公"厚敛以雕墙,从台上弹人,而观其避丸",文献就给了我们这样一个例子。

今天我们所能见的建筑实物只有基址坟墓。大陵也还没有系统地发掘,小墓过于简单,绝不能代表当时地面建筑所达到的造型或技艺的水平。从墓中出土的文物来看,战国时工艺实达到惊人的程度。东周诸侯各国器物都精工细作,造型变化生动活泼,如金银镶嵌的器物,工料和技艺都可称绝品。新郑的铜器,飞禽立雕手法鲜明;楚文物中木雕刻、漆器、琉璃珠等都是工艺中登峰造极的。当时有多少这样工艺用到建筑上,我们无法推测。它们之间必然有一定程度的联系则可以断言。

文献上"美宫室,高台榭"的记载很多。鲁庄公"丹桓宫之楹而刻其桷";赵文子自营居室,"斫其椽而砻之"。是建筑上加工的证据。晋平公"铜鞮之宫数里"。吴王夫差的宫里"次有台榭陂池",建筑规模是很大的。由余见了秦穆公的"宫室积聚",曾说"使鬼为之则劳神矣!使人为之亦苦民矣!"这两句话正说出了工程技巧令人吃惊,而归根到底一切是人民血汗和智慧的意思。我们可以推测当时建筑规模,艺术加工,绝不会和当时其他手工艺完全不相称的。

在发掘方面,我们只有邯郸赵丛台和易县燕下都的不完整基址,这些基址证明当时诸侯确是纷纷"高台榭以明得志"。最具体的形象仅有战国猎壶上浮雕的一座建筑物。建筑物约略形状已近似汉画中所常见的。虽然表现技术是古拙的,所表现的结构部分却很明确,显然是写实的。根据它,我们确能知道战国寻常木结构房屋的大体。

没有西周到春秋战国这样一个多民族发展时期蓬勃的创造为基础,两汉灿烂的文化是不可能的。

第三阶段——秦·汉·三国

（公元前 247—公元前 246 年）

秦逐渐吞并六国,建立空前的封建极权皇朝,建筑也相应地发展到空前的规模。

秦的都城咸阳原是战国时七国之一的王城规模。秦每攻灭一个国家,就在咸阳的北面仿建这个国家的宫室。到秦统一六国,战国时期各国建筑方面的创造经验也就都随而集中到咸阳。战国以来各国高台榭、美宫室的各种风格在秦统一全国的过程中,发展出集珍式的咸阳宫室。这些宫殿又被"复道"和"周阁"连接起来,组合成复杂连续的组群,在总的数量以及艺术的内容上是远超出六国宫室之上。

公元前 221 年,全国统一之后,形成了新的政治经济形势。咸阳从前秦所建的王宫已经不能适应新情况的要求;到公元前 212 年开始兴建历史上著名的"阿房宫"。这座空前宏伟的宫是以全国统一的政治中心的规模建造的,位置在咸阳南面的渭水南岸。主要的"前殿"建在雄伟的高台上;根据记载是东西五百步,南北五十丈,上面可以坐万人,台下可以竖立高五丈的大旗;周回都有阁道;殿前有"驰道",直达南山,并加筑南山的山顶,作为殿前的门阙;殿后加"复道",跨过渭水与咸阳相连。这种带山跨河,长到几十里的布置手法以及咸阳附近二百里内建造了二百七十多处宫观和大量连属的复道的记录,可以看到秦代建筑惊人的规模。

极其夸张的宫室建筑之外,秦代建筑雄大的规模也表现在世界驰名的长城上。秦代的长城是西起临洮,东到辽东,藉战国各国旧有的长城为基础,用三十万士兵及囚犯筑成的跨山越野蜿蜒数千里的军事工程。与长城相当的还兴筑了贯通全国重要城市的军用"驰道",也是非常惊人的措施。

这些完全不顾民力的庞大建设工程,一方面表现了秦代残酷的军事统治,另一方面也说明了战国以来生产力的发展,在得到统一之后发挥出的力量;整个秦代的建筑在新的经济基础上的发展是远超越了以前各时代,开创了新的统一的封建王朝的规模。

秦代的宏伟建筑仍是以木材结构配合极大的夯土高台建成的。这些庞大的工役一部分由内战时代俘虏担任,另一部分是征召来的人民在暴力强迫下进行的。秦以胜利者的淫威,在不顾民力的大兴工役中,横征暴敛,使人民流离死亡,更加深了阶级矛盾,促成了中国第一次大规模的农民起义。人民血汗和智慧所创造的咸阳壮丽的宫室只被人民认作残暴统治的象征。项羽领兵纵火全部烧毁它们以泄愤是可以理解的。但从此每次在易朝换代的争夺中,人民的艺术财富,累积在统治者的宫中纪念性建筑组群里的,都不能避免遭到残酷的破坏。

秦代的建筑现在仅能从阿房宫遗址和骊山秦始皇陵庞大的土方工程上看到当时的规模。秦始皇陵内部原有豪华的建筑和陈设也遭到项羽入关时劫掠破坏。但这部分秦代人民的创造残余部分,无疑的还埋藏在地下,等待考古科学家加以发掘整理。

西汉是秦末的农民斗争产生的封建统一王朝。这次起义所表现人民的力量,使汉初的统治者采用简化刑法和减轻剥削的政策,使人民得到休息,恢复了生产。

汉初的建筑是在战争没有结束时进行的。重要的建筑是在咸阳附近利用秦的离宫故基为基础修建的长乐宫。这座宫周围二十里,是一座具有高台大殿和许多附属殿屋的宫城。

接着建造的未央宫是西汉首创的一座宫。它的周围是二十八里,主持规划的是萧何,技术方面负责的是军匠出身的阳城延。刘邦曾因见到这座建筑的奢侈华丽而发怒。萧何说他主张建造未央宫的理由是"天子以四海为家,非壮丽无以重威"。这说明他认识到统治者可以使他的建筑作为巩固他的政权的一种工具;认识到建筑艺术所可能有的政治作用。这个看法对以后历代每次建立王朝时对于都城和宫室等艺术规模的重视起了很大的影响。

未央宫的前殿是以龙首山作殿基,使这座大殿不必使用大量的土方工程,就很自然地高耸出附近的建筑之上。这是高台建筑创造性的处理,目的在避免秦代那样使用大量人力进行土方工程的经验。

长乐、未央两宫都在秦咸阳附近,都是独立完整成组的规模。后建的未央宫是据龙首山决定的位置,两宫东西之间虽距离很近,但不是很整齐并列的。到公元前187年筑长安城时,南面包括两宫在内,北面因发展到渭水岸边,因此汉长安城的平面图形南北都不是整齐的直线。但这座壮丽大城的城内是规划成方正整齐的坊里,贯以平直宽阔的街道组成的,它的规模也发展到周围六十五里。

汉初的政策使农业得到急速的发展,到武帝时七十年间的和平时期,国家积累了大量的财富。随着经济的繁荣,西汉这时的国力和文化都超出附近国家。当时北方游牧的匈奴是最强悍的敌对民族,屡次侵入北方边境;中国甘肃以西的少数民族分成三十六国,都附属于匈奴。汉武帝想削弱匈奴,派张骞出使西域了解各国情况,并企图掌握与西方商业交通的干路。汉代因向西的发展而与优秀的古代小亚细亚和印度的文化接触,随着疆域的扩张和民族斗争的胜利,突破了以前局限的世界地理知识,形成大国的气派和自信。汉武帝时是早期封建社会的高峰,这时期的建筑,除增建已有的宫室之外,又新建了许多豪侈的建筑,其中如长安的建章宫和云阳的甘泉宫都是极其宏阔壮丽的庞大的建筑群。

建章宫在长安城西附郭,前殿更高于未央,宫内的建筑被称为"千门万户",所连属的囿范围数十里;宫内开掘人工的太液池,并垒土作山,池中的渐台高二十余丈。高建筑如神明台、井干楼各高五十丈。神明台上有九室,又立起承露盘高二十丈,直径大有七围。井干楼是积叠横木构成的复杂木构建筑。中国最早的高层建筑在这时候产生了。

长安东南的上林苑周围三百余里,其中离宫七十多座,能容千骑万乘。

西汉的宫室园囿很多是就秦代所筑的高基崇台作基础的,一般建筑规模并不小于秦代。由于生产关系比秦代进步,整个国家在蓬勃发展中,因此许多游乐性质的建筑在工料上又超过了秦代。这个时期的建筑,是随着整个社会的发展而又向前迈进了一步。

西汉农业的发展走向自由兼并。随着土地集中,阶级分化,到西汉末引起的农民起义,又再次在混战中焚毁了长安的宫室。

东汉是倚靠地主阶级的官僚政权统治人民的,国家的财力比较分散,都城洛阳的宫室规模不及长安,但在规划上更发展了整齐的坊里制度,都城的部署比长安更整齐了。

这时期的建筑,是王侯、外戚、宦官的宅第非常兴盛,如桓帝时大将军梁冀大建宅第,其妻孙盛也对街兴建,互相争胜。建筑是连房洞户,台阁相通,互相临望。柱壁雕镂,窗用绮疏青琐,木料加以铜和漆,图画仙灵云气;又广开苑囿,垒土筑山;飞梁石磴,凌跨水道,布置成自然形势的深林绝涧。豪侈的建筑之外,宅第中的园林建筑也非常讲究。这些宅第的建筑记载超过了宫室,正反映着东汉社会的具体情况。

东汉洛阳的建筑也在末年的军阀战争中被董卓焚毁了。

这时期中可能是由于与西方交通的影响,用石材建造坟墓前纪念性建筑的风气逐渐兴盛。现在还留下少数坟墓前的石阙和石祠,其中如西康雅安的高颐阙,山东嘉祥的武氏石阙和石室都是比较著名的遗物。在雅安的高颐阙选用的式样和浮刻上是充分地应用了当时的木建筑形式。在这些比例谨严的石刻遗物上可以看到一些具体的汉代建筑艺术形象。

考古学家发现的明器中有许多陶制的建筑模型和画像砖,使我们具体地看到汉代建筑的形象,由殿宇、堂屋、楼阁、台榭、庭院、门阙、城楼、桥梁到仓廪、厩厕等等。还有每次发掘所发现的汉代工艺美术品,其中如丝织、漆器、铜器之中,都有极其精美的作品,与汉代辉煌的物质文化发展情况相符合。而汉代建筑的精华则不是现存这些砖石坟墓的建筑或明器上所表现的所能代表的。在对大规模的遗址还没有作科学发掘工作的目前,我们仅能认识到汉代建筑的一些片断而已。

三国分裂的时期中,曹魏所据的中原地区有比较优越的人力和物质条件,建筑的规模也比较大。这时期中最突出的成就是曹操经营的邺城。从这座都城的文献记载上可以看到简单明确的分区规划和中轴对称的布局是发展到比东汉的洛阳更高的水平上。邺城的规划中如皇宫位置在城内中轴的北部,使皇宫面临城内纵横相交的主要干道;居民的坊里布置在城内南部;左右干道的交点布置成坊市的中心等先进的方式,都是隋唐长安的先型。

南方比较边远的地区,经吴和蜀两国的经营,经济文化都得到一定的发展。从考古学家发现的一些片断资料看到整个三国时期大致仍是汉代工程技术与艺术风格的继续,并没有显著的变化。

第四阶段——晋·南北朝·隋

(265—618)

六朝的建筑是衔接中国历史上两个伟大文化时期——汉代与唐代的——桥梁,也是这两个时期建筑不同风格急剧转变的关键。它是由汉以来旧的原有的生活习惯、思想意识和新的社会因素,精神上和物质上剧烈的新要求由矛盾到统一过程中的产物。产生这新转变的社会背景主要有三个因素:一是北方鲜卑、羌等胡族占据中原——所谓"五胡乱华"在中国政治经济和文化上所起的各种复杂的变化。二是汉族的统治阶级士族豪门带了大量有先进技术的劳动人民大举南渡,促进了南方经济和文化的发展。三是在晋以前就传入的佛教这时在中国普遍的传播和盛行,全国上下的宗教热忱成了建筑艺术的动力。新的民族的渗入;新的宗教思想上的要求,和随同佛教由西域进来的各种新的艺术影响,如中亚、北印度、波斯和希腊的各种艺术和各种作风,不但影响了当时中国艺术的风尚手法,并且还发展了许多新的,前所未有的建筑类型及其附属的工艺美术。刻佛像的摩崖石窟,有佛殿、经堂的寺院组群,多层的木造的和砖石造的佛塔,以及应用到世俗建筑上去的建筑雕刻,如陵墓前石柱、石兽和建筑上装饰纹样等,就都是这时期创造性的发展。

寺院组群和高耸的塔在中国城市和山林胜景中的出现划时代地改变了中国地方的面貌。千余年来大小城市,名山胜景,其形象很少没有被一座寺院或一座塔的侧影所丰富了的。南北朝就是这种建筑物的创始时期。当时宗教艺术是带有很大群众性的。它们不同于宫廷艺术为少数人所独占,而是人人得以观赏的精神食粮,因此在人民中间推动了极大的创造性。

北魏统治者是鲜卑族,尊崇佛教的最早的表现方法之一是在有悬崖处开凿石窟寺。在第五世纪后半叶中,开凿了大同云冈大石窟寺。最初或有西域僧人参加,由刻像到花纹都带着浓重的西域或印度手法风格。但由石刻上看当时的建筑,显然完全是中国的结构体系,只是在装饰部分吸取了外来的新式样。北魏迁都到洛阳,又在洛阳开造龙门石窟。龙门石窟中不但建筑是原来中国体系的,就是雕刻佛像等等,也有强烈的汉代传统风格。表现的手法很明显是在汉朝刻石的基础上发展起来的。在敦煌石窟壁画上所见也证明在木构建筑方面,当时澎湃的外来的艺术影响并没有改变中国原有的结构方法和分配的规律。佛教建筑只是将中国原有的结构加以创造性的应用和发展来解决新问题。最明显的例子就是塔和佛殿。

当时的塔基本上是汉代的"重楼",也就是多层的小楼阁,顶上加以佛教的象征物——即有"覆钵"和"相轮"等称作"刹"的部分。这原是个缩小的印度墓塔(中国译音称作"窣堵坡"或"塔婆")。当时匠人只将它和多层的小楼相结合,作为象征物放在顶部。至于寺院里的佛殿,和其他非宗教的中国庭院殿堂的构造根本就没有分别。为了内容的需要,革新的部分只在殿堂内部的布置和寺院组群上的分配。

这时期最富有创造性而杰出的建筑物应提到嵩山嵩岳寺砖塔。在造型上,它是中国建筑第一次,也是唯一的一次试用十二角形的平面来代替印度窣堵坡的圆形平面,用高高的基座和一段塔身来代表"窣堵坡"的基座和"覆钵"半球形的塔身,上面十五层密密的中国式出檐代表着"率堵坡"顶上的"刹"。不但这是一个空前创作,而且在中国的建筑中,也是第一个砖造的高度达到近乎四十米的高层建筑,它标志着在砖石结构的工程技术上飞跃的向前跨进了一大步。

　　南北朝最通常的木塔现在国内已没有实物存在了。北魏杨炫之在《洛阳伽蓝记》中详尽地叙述了塔寺林立的洛阳城。一个城中,竟有大小一千余个寺庙组群和几十座高耸的佛塔。那景象是我们今天难以想象的。木塔中最突出的是永宁寺的胡太后塔:四角九层,每层有绘彩的柱子,金色的斗拱,朱红金钉的门扇,刹上有"宝瓶"和三十层金盘。全塔架木为之,连刹高"一千尺",在"百里之外"已可看见。它在城市的艺术造型上无疑地是起着巨大作用的高耸建筑物。即使高度的数字是被夸大了或有错误,但它在木结构工程上的高度成就是无可置疑的。这种木塔的描写,和日本今天还保存着若干飞鸟时代(隋)的实物在许多地方极为相近。云冈石窟中雕刻的范本和这木构塔的描写基本上也是一致的。

　　当隋统一中国之前,南朝"金粉地"的建康,许多侈丽的宫殿,毁了又建,建了又毁,说明南朝更迭五个朝代,统治者内部政治局势的动荡不定。但统治阶级总是不断地驱使劳动人民为他们兴建豪华的宫殿的。在艺术方面,虽在政治腐败的情况下,智慧的巧匠们仍获得很大的成就。统治者还掠夺人民以自己的热情投在宗教建筑上的艺术作品去充实他们华丽的宫苑。齐的宫殿本来已到"穷极绮丽"的程度,如

"遍饰以金壁,窗间尽画神仙……橼桷之端悉垂铃佩……又凿金为莲花以帖地"等等,他们还嫌不足,又"剔取诸寺佛刹殿藻井、仙人、骑兽以充足之"。从今天所仅存的建筑附属艺术实物看来,如南京齐、梁陵墓前面,劲强有力,富于创造性的石柱和石兽等,当时南朝在木构建筑上也不可能没有解决新问题的许多革新和创造。

到了隋统一全国后,宫廷就占有南北最优秀的工艺匠人。杨广(隋炀帝)的大兴土木,建东京洛阳,营西苑时期,就有迹象证明在建筑上模仿了南朝的一些宫苑布局,南方的艺匠在其中也起了很大作用。凿运河通江南,建造大量华丽有楼殿的大船时,更利用了江南木工,尤其是造船方面的一切成就。在此之前,杨坚(文帝)曾诏天下诸州各立舍利塔,这种塔大约都是木造的,今虽不存,但可想见这必然刺激了当时全国各地方普遍的创造。

在石造建筑方面,北魏、北周、北齐都有大胆的创造,最丰富的是各个著名的石窟寺的附属部分。也就是在这时期一位天才石匠李春给我们留下了可称世界性艺术工程遗产的河北赵县的大石桥。中国建筑艺术经过这样一段新鲜活泼的路程,便为历史上文艺最辉煌的唐代准备了优越的条件。

第五阶段——唐·五代·辽

(618—1125)

这个阶段的建筑艺术是以南北朝在宗教建筑方面和统一全国的隋代在城市建设方面所取得的成就为基础的。初唐建设雄宏魁伟的气魄和中唐雅致成熟的时代风格是比南北朝或隋代的宗教艺术更向前迈进了一大步的。唐将外来许多新因素汉化了,将陌生的非中国的成分和典雅庄严对称的中国格局相结合,为中国的封建社会生活服务。如须弥座、莲瓣、柱础、砖塔、塔檐瓦饰、栏杆之类都改进成更接近于中国人民所习惯的风格。在砖塔式样上也经过一些成熟的变化;中国第一座八角塔就在这时期初次出现。唐建筑制度、技术手法和艺术作风的特点开始于初唐,盛于中唐前后,在中央政权削弱的晚唐和藩镇割据的五代时期仍在全国有经济条件的地区,风行颇长一个时期,而没有突出的改变。

唐政治经济的特点是唐初李渊父子统一了隋末暴政所引起的混战中的中国而保留了隋政治、经济、文物制度中的一些优点;在李世民在位的二十几年中,确使人民获得休养生息的机会。当时政治良好,而同时对外战争胜利,鼓励胡族汉人杂居,不断和西域各民族有文化和商业的交流。农业生产提高,商业交通又特别发展,海路可直通波斯。社会经济从此一直向上发展了百余年。基础稳定的唐代中央专制集权的封建社会恢复了西汉的盛况,全国文学艺术便随着有了高度的发展。唐代在建筑上的一切成就也就是中国封建社会的文学艺术到达一个特殊全盛时代的产物。唐中央政权的腐朽削弱开始于内部分裂,终于在和藩镇的矛盾和农民的反抗中灭亡。但是工商业在很大程度上未受中央政权强弱的影响。宗教建筑活动也普遍于民间,并不限于中央皇室的建造。

当隋初统一南北建国时期计划了后来成为唐长安的大兴城时,有意识地要表现“皇王之邑”。因此建造的是都城、皇城、宫城、正朝、府寺、百司、公卿邸第、民坊、街市等等——明明白白的是封建政权的秩序所需要的首都建设。它所反映的是统一封建专制国家机器的一个重要方面。也就是当时的统治阶级所制定的所谓文物制度的一种。唐初继承了这样一个首都。最主要的修建就是改大兴殿为太极殿。左右添了钟楼、鼓楼,使耸起的形象更能表现中央政权的庄严。再次就是另建一个雄伟的皇宫组群。新建的大明宫在一条南北中线上立了一系列的大殿,每殿是一组群,前面有门,最南面是丹凤门和含元殿。大殿就立在龙首山的东趾上,"殿陛高于平地四十余尺",左右有"砌道盘上,谓之龙尾道"。殿左右有两阁,阁殿之间用"飞廊"相接。这样的形象魁伟、气魄雄宏的规模,是过去汉未央宫开国气概的传统。不过在建造上显然是以汉兴以来八百年里所取得的一切更优秀的成就来完成的。但在宗教建筑方面,初唐承继了隋代的创建,并不鼓励新建造。这方面显然不是当时主要的活动。

代表初唐以后到中叶的建筑活动的有两个方面:宫廷权贵为了宴游享乐所建的侈丽宫苑建筑、邸第和宗教建筑活动。在这两个方面高度艺术性的各种创造都是当时熟练的工匠和对宗教投以自己的幻想和热忱的劳动人民集体智慧的结晶。代表前一种的,可以举宫廷最优秀的艺匠为唐玄宗在骊山建筑的华清宫,这样著名的艺术组群,据记载是"骊山上下,益置汤井为池,台殿环列山谷",并且一切是"制作宏丽","雕镌巧妙","殆非人功"的艺术创造。有名的长安风景区的曲江上宫苑也在这时期开始了建筑。至于当时权贵和公主们所竞起的宅第则是"以侈丽相高,拟于宫掖,而精巧过之"。这样的事实说明当时建筑工程技术和艺术上最高成就已不被宫廷所独占,而是开始在有钱有势的阶层里普遍起来了。

唐代的皇室因为姓李,所以尊崇道教,因为道教奉李耳为始祖。然而佛教的势力毕竟深入到广大民间,今天存留的唐代建筑,除极少数摩崖造像外,全部都是佛教的。其中较早的,全是砖塔。

唐朝的砖塔大致可分为四个类型:

一、"重楼式"塔,如西安慈恩寺的大雁塔和兴教寺的玄奘塔等。它们的形式像层层叠起的四方形重楼,外表用砖砌成木结构的柱、枋、斗拱等形象。这两座塔都建于七世纪后半和八世纪初年。它们是砖造佛塔中最早砌出木构形式的范例。

二、"密檐式"塔,如西安荐福寺的小雁塔,河南嵩山永泰寺塔和云南大理崇圣寺的千寻塔等。这个类型都在较高的塔身上出十几层的密檐,一般没有木结构形式的表面处理。以上两个类型平面都是正方形的,全塔是一个封顶的"砖筒",内部用木楼板和木楼梯。

三、八角形单层塔,嵩山会善寺净藏禅师塔是这类型的孤例。它是五代以后最通常的八角塔的萌芽。

四、群塔,山东历城九塔寺塔,在一个八角形塔座上建九个小塔,是明代以后常见的金刚宝座塔的先驱。自从嵩山嵩岳寺塔建成到玄奘塔出现的一百五十年间,没有任何其他砖塔存留到今天,更证明嵩岳寺塔是一次伟大的尝试。而唐代在数量上众多和类型上丰富的砖塔则说明造砖和用砖的技术在唐代是大大地发展了一步。

宗教建筑方面一次特殊的活动是武则天夺得政权后,在洛阳驱役数万人建造奇异的"明堂""天堂""天枢"等。这些建筑物不是属于佛教的,但是创造性地吸取了佛教艺术的手法,为这个特殊政权所要表现的宗教思想而服务的。"明堂"称作"万象神宫",内有"辟雍之像",建筑物高到 294 尺,方 300 尺,一共三层。"下层法四时;中层法十二辰,上为圆盖,九龙捧之;最上层法二十四气,亦有圆盖。以木为瓦,夹纻漆之,上施铁凤高一丈,饰以黄金。"在结构方面是很大胆的,当中用巨木,"上下通贯,栿、栌、撑、棍,藉以为本"。"天堂"高五级,是比明堂更高的建筑,内放"夹纻"大像(夹纻是用麻布披泥胎上加漆,干了以后去掉泥胎成空心的器物的做法)。"天枢"是高百余尺的八角铜柱,径大12尺,下为铁山,周70尺,立在端门外。这些创造,虽然都是极特殊的,但显然有它们的技术基础和艺术上的良好条件的。佛教建造的有在龙门崖上凿造的巨大石像和窟外的奉先寺(寺的木构部分已不存,但这组巨像是唐代雕刻得以保存到今天的最可珍贵的实物之一)。

自七世纪末叶以后到八世纪中叶,建造寺院的风气才大盛。原因是当时社会的需要。八世纪中叶侈奢无度的中央政权遇到藩镇的叛变,长安被安禄山攻破,皇帝出走四川。唐中央政权从此盛极而衰,此后和地方长期战争,七八十年中,人民受尽内战的灾害搜刮之苦,超度苦难的思想普遍起来。在宫廷方面,软弱的封建主,遇有变乱,也急求佛法保佑,建寺用费庞大,还拆了宫殿旧料来充数。宫廷特别纵容僧尼,京城内外良田多被僧寺占有。在五台山造金阁寺,全用涂金的铜瓦,施工用料的程度也可见一斑。到了九世纪初叶,皇帝迎佛骨到京师,在宫中留三日,送各寺院里轮流供奉,王公士民敬礼布施,达到举国若狂的地步。宦官权臣和豪富施钱造寺院或佛殿、塔幢以求福的数目愈来愈多,为避重税求寺院庇荫的人民数目也愈来愈大。九世纪中叶宗教势力和政权间的矛盾便造成会昌五年845的"灭法"。当时下诏毁掉官立佛寺四千六百余区,私立寺院四万余区,归俗僧尼二十六万五百人,财货田产入官,取寺屋材料修葺公廨,铜像钟改铸钱币。这些事实说明人民的财富和心血,在封建社会的矛盾中,不是受到不合理的浪费,就是受到残酷的破坏,卓越的艺术遗产得以保存到今天的真是不到万一!

　　唐代有高度艺术的崇峻而宏丽的宗教建筑大组群的完整面貌,今天已无法从实物上见到。对于建筑结构和装饰的形象,我们只有在敦煌石窟寺壁上,许多以很写实的殿宇楼阁为背景的佛教画里,可以得到较真实的印象。敦煌著名的壁画"五台山图"中描绘了九十座寺院组群的位置,其中之一"大佛光之寺",就是今天还存在五台山豆村镇的大佛光寺。更可宝贵的事实是寺内大殿竟是幸存到今天的一座唐代原物。我们从这座在会昌灭法后又建造起来的实物上,可以具体地见到唐代建筑艺术风格手法,和它们所曾到达的多方面的成就。这座建筑遗产对于后代是有无法衡量的价值的。

　　总的说来,唐代在建筑方面的成就,首先是城市作有计划的布局,规模宏大,不但如长安、洛阳城并且普遍及于全国的州县,是全世界历史上所未有的。其次就是个别建筑组群在造型上是以艺术形态来完成的整体;雄宏壮丽的形象与华美细致的细节、雕塑、绘画和自然环境都密切地有机地联系着。以世界各时代的建筑艺术所到达的程度来衡量,这时期的中国建筑也到达了艺术上卓越的水平。当然,无论是长安的宫廷建筑物还是各处名山圣地的宗教建筑物,还是一般城市中民用建筑物,都是因了唐初期全国生产力的提高和以后商业经济的繁荣,工艺技术的进步,西域文化的交流等等分不开的。但一个主要的方面还是当时宗教所促进的创造有全民性的意义。劳动人民投入自己的热情、理想和希望,在他们所创造的宗教艺术上:无论是雕刻、佛像或花纹;作大幅壁画,或装饰彩画;建造大寺,高塔或小龛,或是代表超度人类过苦海的桥,当时人民都发挥了他们最杰出最蓬勃的创造力量。

188

中唐以后,中央政权和藩镇争夺的内战使黄河流域遭受破坏,经济中心转移到江淮流域。唐亡之后,统治中原的政权,在五十余年中,前后更换了五次,称作五代。其他藩镇各自成立了独立政权的称作十国。中原经济力衰弱,无法恢复。建筑发展没有可能。掌握政权者对于已破坏的长安完全放弃,修葺洛阳也缺乏力量。偶有兴建,匠人只是遵随唐木工规制,无所创造。山西平遥镇国寺大殿是五代木构建筑的罕贵的孤例。五代建筑在北方可说是唐的尾声。

十国在南方的情况则完全不同;个别政权不受战争拖累,又解除了对唐中央的负担,数十年中,经济得到新的发展而繁荣起来。建筑在吴越和南唐,就由于地理环境和新的社会因素,发展了自己的新风格。如南京栖霞寺塔以八角形平面出现,在造型方面和在雕刻装饰方面都有较唐朝更秀丽的新手法,在很大程度上是后来北宋建筑风格的先声。

辽是中国东北边境吸取并承继了唐文化的契丹族的政权。在关外发展成熟,进占关内河北和山西北部,所谓燕云十六州,包括幽州(今天的北京)在内。辽是一个独立的区域政权,不是一个朝代,在时间上大部虽和北宋同时,但在文化上是不折不扣的唐边疆文化。在进关以前,替辽建设城市和建筑寺庙的是唐代的汉族移民和汾、并、幽、蓟的熟练工匠。他们是以唐的规制手法为契丹族的特殊政权、宗教信仰和生活习惯服务的。结果在实践中创造了某一些属于辽的特殊风格和传统。后来这种风格又继续影响关内在辽境以内的建筑——北京天宁寺辽砖塔就是辽独创作风的典型例子,而木构建筑如著名的蓟县独乐寺观音阁和应县佛宫寺木塔却带着更多的唐风,而后者则是中国木造佛塔的最后一个实例。

基本上,唐、五代和辽的建筑是同属于一个风格的不同发展时期。关于这一阶段的中国建筑,更应该提到的是它对朝鲜、日本建筑重大的影响。研究日本和朝鲜建筑者不能不理解中国的隋唐建筑,就如同研究欧洲建筑者不能不理解古希腊和罗马建筑一样。不但如此,这时期的中国建筑也影响到越南、缅甸和新疆边境。并且唐和萨珊波斯的文化交流,并不亚于和印度及锡兰的。唐朝是中国建筑最辉煌的一大阶段。

第六阶段——两宋到金·元

(960—1367)

这个大阶段以五代末的北周以武力得到淮南江北的经济力量,在汴梁的建设为序幕;北宋统一了南北是它的发展和全盛时期;南宋使北宋的成就脱离了原来的政治经济基础,在江南的条件下的延续与转变;金和元都是在外族统治下宋的风格特点在北方和新的社会因素相结合的产物。

宋代建筑是在唐代已取得的辉煌成就的基础上发展起来的。但宋代建筑的特点与唐代的有着极大区别。

要理解宋建筑类型、手法风格和思想内容,我们必须理解宋代政治经济情况以下几个方面:

一、赵匡胤没有经过战争便取得了政权。五代末朝后周在汴梁因疏浚了运河和江淮通航所发展的工商业继续发展;中原农业生产或得到恢复,或更为提高。居于水陆交通要道的汴梁人口密集,是当时的政治中心兼商业中心。赵炅(太宗)以占领江淮门户的优越条件,进而征服了五代末期南方经济繁荣的独立小政权如南唐、吴越、后蜀,统一了中国,不但在经济上得到生产力较高的南方的供应,在文化上也吸取了南方所发展的一切文学艺术的成就,内中也包括建筑上的成就。

二、因内部矛盾,宋代军权集中于皇帝一人手中。无所事事,成为庞大消费阶层的军队全力防内,对外却软弱无能,在北方以屈辱性的条约和辽媾和,在西方则屡次受西夏侵扰。统治者抱有苟安思想,只顾眼前享乐生活。建设的规模,建筑物的性质、气魄与唐代开国时期和晚唐信奉宗教的热烈情况都不相同。

三、建立了庞大的官僚机构,这个巨大的寄生阶层和大小地主商贾血肉相连,官僚们利用统治地位从事商业活动。在封建社会中滋长的"资本主义成分"的力量引起社会深刻的变化。全国中小消费阶层的扩大促进了这时期手工业生产的特殊繁荣。国内出现了手工艺市镇和较大的商业中心城市(特别突出的如京都汴梁、成都、兴元和杭州等)。城市中某些为工商业服务的新建筑类型,如密集的市楼、邸店、廊屋等的产生,都是这时期城市生活的要求所促成的。又因商业流动人口的需要,取消了都城"夜禁"的限制,在东京出现了夜市和各种公共娱乐场所,如看戏的瓦子和豪华的酒楼,以后很普遍。

四、手工业的发展进入工场的组织形式,内部很细的分工使产品的质量和工艺美术水平普遍地提高。宋代瓷器、织锦、印刷、制纸等工业都超过了过去时代的水平。这一切细致精巧的倾向也影响了当时的建筑材料和细致加工的风格。

宋建筑的整体风格,初期的河北正定龙兴寺大阁残部所表现,仍保持魁伟的唐风。但作为首都和文化中心的汴梁是介于南北两种不同建筑风格中间,很快地同时受到五代南方的秀丽和唐代北方壮硕风格的影响,或多或少地已是南北作风的结合。山西太原晋祠圣母庙一组是这一作风的范例,虽然在地理上与汴梁有相当的距离。注重重楼飞阁较繁复的塑形,受到宫中不甚宽敞地址的限制,平面组合开始错落多变化;宫廷中藏书的秘阁就是这种创造性的新型楼阁。它的结构是由南方吴越来的杰出的木工喻皓所设计,更说明了它成就的来源。公元1000年真宗以后,宫廷不断建筑侈丽的道观楼阁,最著名的如玉清昭应宫,苏州人丁谓领导工役,夜以继日施工了七年建成。每日用工多到三四万人,所用材料是从全国汇集而来的名产。瓦用绿色琉璃;彩画用精制颜料绘成织锦图案,加金色装饰。这个建筑构图是按画家刘文通所作画稿布置的。其中的七贤阁的设计也是在高台上更加"飞阁",被当时认为全国最壮观的建筑物。

汴梁宫廷建筑的华丽倾向和因宫中代代兴建,缺乏建筑地址,平面布置上不得不用更紧凑的四合围拢方式或两旁用侧翼的楼和主楼相连,或前后以柱廊相连的格式。这些显然普遍地影响了宋一代权贵私人第宅和富豪商贾城市中建筑的风格。

原来是商业城市改建为首都的汴梁,其规模和先有计划的"皇王之邑"的长安相去甚远,宫前既无宏大行政衙署区域,也无民坊门禁制度。除宫城外,前部中轴大路两旁,和横穿京城的汴河两岸,以及宫旁横街上,多半是商业性质建筑所组成的。人口密集之后,土地使用率加大,更促进了多层市楼的发展。因此豪华的店屋酒楼也常以重楼飞阁的姿态出现;例如《东京梦华录》中所描写的"三楼相高,五楼相向,各有飞阁栏槛,明暗相通"的酒店矾楼就最为典型。发展到了北宋末赵佶徽宗一代,连年奢侈营建,不但汴梁宫苑寺观"殿阁临水,云屋连簃",层楼的组群占重要位置,它们还发展到全国繁华之地,有好风景的区域。虽然实物都不存在,今天我们还能从许多极写实的宋画中见到它们大略的风格形象。它们主要特征是歇山顶也可以用在向前向后的部分,上面屋脊可以十字相交,原来屋顶侧面的山花现在也可以向前,因此楼阁嶙峋,在形象上丰富了许多。宋画中最重要的如《黄鹤楼图》《滕王阁图》及《清明上河图》等等,都是研究宋建筑的珍贵材料。日本镰仓时代的建筑受到我们这一时期建筑很大的影响,而他们实物保存得很好,也是极好的参考材料。总之,在城市经济繁荣的基础上所发展出来的,有高度实用价值,形象优美,立面有多样变化组合的楼阁是宋代在中国建筑发展中一个重大贡献。

其次如建筑进一步分工,充分利用各种手工业生产的成就用到建筑上,如砖石建筑上用标准化琉璃瓦和面砖,并用了陶瓷业模制压花技术的成就,到今天我们还可以从开封琉璃铁塔这样难得的实物上见到。木构建筑上出现了木雕装饰方面的雕作和镟作。彩画方面采用了纺织的成就,用华丽的绫锦纹图案。因为造纸业的发展,门窗上可大量糊纸,出现了可以开关的球文格子门和窗等等。这些细致的改进不但改变了当时建筑面貌,且对于后代建筑有普遍影响。

因为宋代曾采用匠人木经编成中国唯一的一本建筑术书《营造法式》,记录了各种建筑构件相互间关系及比例,以及斗拱砍削加工做法和彩画的一般则例,对后代官匠在技术上和艺术上有一定的影响。

南宋退到江南,建都临安(杭州),把统治阶级的生活习惯、思想意识,都带到新的土壤上培植起来,建筑风格也不在例外。但是在严重地受着侵略威胁的局面下和萎缩的经济基础上,南宋的宫廷建筑的内容性质改变了,全国性规模的建筑更不可能了。南宋重修的城市寺观起初仍极为奢华,结构逐渐纤弱造作,手法也改变了。这时期的重要贡献是建筑和自然山水花木相结合的庭园建筑在艺术上的成就。宫廷在临安造园的风气影响到苏州和太湖区的私家花园，一直延续到后代明清的名园。

金的统治阶级是文化落后于汉族的女真族。金的建设意识上反映着模仿北宋制度的企图。从事创造的是汉族人民，在工艺技术上是依据他们自己的传统的。而当时北方一部分却是辽区域作风占重要位置。因此宋辽混合掺杂的手法的发展是它的特点之一。有一些金代建筑实物在结构比例上完全和辽一致，常常使鉴别者误为辽的建筑。另有一些又较近宋代形制，如正定龙兴寺的摩尼殿和五台山佛光寺的文殊殿，一向都被认为是宋的遗物。第三种则是以不成熟的手法，有时形式地摹仿北宋颓废的繁琐的形象，有时又做很大胆的新组合，前者如大同善化寺三圣殿，后者如正定广慧寺华塔，都是很突出的。像华塔那样的形式，可以说是一种紧凑的群塔，是一种富于想象力的创造。

金人改建了辽的南京(今天北京城西南广安门内外一带)，扩大了城址，称作中都。这次的兴建是金海陵王特命工匠监官模仿北宋首都汴梁而布置的。因此中都吸取了宋的城市宫城格局的一切成就，保存了北宋宫前广场部署的优良传统。中都宫前的御河石桥，两侧的千步廊也就是元大都的蓝本。明清两代继续沿用这种布局；今天北京的天安门前和午门、端门前壮丽的广场，就是由这个传统发展而来的。

元代的蒙古游牧民族，用极强悍的骑兵，侵入邻近的国家，在短短的几十年中，建立了横跨欧亚两洲历史上空前庞大的帝国。

在元代统治中国的九十多年中，蒙古族采用了残酷的武力镇压手段，破坏着中国原来的农业基础，在残酷的民族斗争中，全国的经济空前地衰落了;因此元代一般的地方建筑也是空前地粗糙简陋的。这时期统治阶级的建筑是劫掳各先进民族的工匠建造的,因此有一些部分带有其他民族的风格,大体是继承了金和南宋后期细致纤丽的风格。

元代的京城大都(现北京)是蒙古族摧毁了金的中都之后创建的。这座在宽阔的平原上新创的城市,在平面上表现着整齐的几何图形观念;城的平面接近正方形,以高大的鼓楼安置在全城的几何中点上。皇宫的位置是在城内南面的中轴线上。这是参照周礼"面朝背市,左祖右社"的思想,综合金代中都所沿袭的宋汴京的规划,依照当时蒙古族的需要而创建的。这种以高大的鼓楼作全城中心的方式,现在在北方的一些中小城市中仍可以看到他的影响。

元大都的宫殿建筑是以豪华精致的中国木构式样为主。一般宫殿建筑组群的主殿是采用工字形平面,前殿是集会和行政的殿堂,用廊连接的后部就是寝殿。殿内的布置,是用贵重的毛皮或丝织品做壁幛,完全掩蔽了内部的墙壁和木构。这种的布置与汉族宫廷内分作前朝和后宫的方式不同,内部的处理仍旧保留着游牧民族毡帐生活的习惯。

元代宫殿的木构建筑方面进一步发展了琉璃,从宋代的褐、绿两种色彩发展成黄、绿、蓝、青、白各色,普遍地应用到宫殿和离宫上,更丰富了屋顶的色彩。

元代上都(内蒙古多伦附近)主要宫殿的遗址是砖石结构的建筑,这可能是西方工匠建造的。此外像大都宫中的"畏吾儿殿"应是维吾尔族的式样,还有相当多的"盝顶殿"和"棕毛殿",也都是元以前中国传统所没有的其他民族风格。

元代的统治阶级以吐番(西藏)的喇嘛教作为国教,吐番的建筑和艺术在元代流传到华北一带,出现了很多西藏风格的喇嘛塔。矗立在北京的妙应寺白塔就是这时期最宏伟的遗物。从著名的居庸关过街塔残存的基座上和古雕刻纹样手法上也可以看到当时西藏艺术风格盛行的情况。

都城以外的建筑仍是汉族工匠建造的,继续保持着传统的中国风格。其中一种类型可能是地方的统治阶层兴建的,比较细致精巧,但带有显著的公式化倾向,工料也比较整齐;典型的代表例如正定的关帝庙,定兴的慈云阁。另一种是施工非常粗糙,木料贫乏到用天然的弯曲原木做主要的构架,其中的结构是煞费苦心拼凑成的。现在的这类建筑大多是当地人民信仰的祠庙或地方性的公共建筑。例如河北正定的阳和楼,曲阳北岳庙的德宁殿,安平的圣姑庙或山西赵城的广胜寺。这后一种在困难的物质条件限制下表现了比较多的设计意匠。他们正是这段艰苦的时期中人民生活的反映,鲜明地刻画出元代一般建筑艺术衰落的情况。

第七阶段——明·清两朝和旧中国时期

(1368—1919—1949)

在这五百八十余年中,中国历史上发生了巨大的转变。

一、在汉族农民起义,摧毁并驱逐了蒙古族统治阶级以后,朱元璋建立了明朝,恢复了汉族的统治,恢复了久经破坏的经济。但自朱棣以后,宦官掌握朝政二百余年,统治阶级昏庸腐朽达到极点。

二、满族兴起,入关灭明,统治中国二百六十余年;阶级压迫与民族压迫合而为一。

196

三、西方新兴的资本主义的商人和传教士,由十六世纪末开始来到中国,逐步导致十九世纪中叶的鸦片战争和中国的半殖民地化。

四、人民革命经过一百零九年的英勇斗争,推翻了满清皇朝,驱逐了帝国主义侵略者,肃清了封建统治阶级,建立了人民民主的中华人民共和国。

朱元璋以农民出身,看到异族压迫下农村破产的情形,亲身参加了民族解放战争,知道农业生产是恢复经济、巩固政权的基本所在,所以建立了均田、农贷等制度,解放了异族压迫,恢复了封建的生产关系,使经济很快恢复。在建国之初,他已占有江淮全国最富庶的地区,国库充实起来,使他得以建设他的首都南京,作为巩固政权的工具之一。

明朝建立以后不久,官式建筑很快就在布局、结构和造型上出现了与前一阶段区别显著的转变。在一切建置中都表现了民族复兴和封建帝国中央集权的强烈力量。首都南京的营建,征发全国工匠二十余万人,其中许多是从蒙古半奴隶式的羁束下解放出来的北方世代的匠户。除了建造宫殿衙署之外,他特别强调恢复汉族文化和中国传统的礼仪:例如天子郊祀的坛庙和身后的陵寝,都以雄伟的气魄和庄严的姿态建置起来。

朱棣成祖迁都北京,在元大都城的基础上,重新建设宫殿、坛庙,都遵南京制度,而规模比南京更大。今天北京的故宫大体就是明初的建置。虽然大部分殿堂已是清代重建的,明朝原物还保存若干完整的组群和个别的主要殿宇。社稷坛(今中山公园)、太庙(今劳动人民文化宫)和天坛,都是明代首创的宏丽的大组群;其中尤其是天坛在规模、气魄、总体布置和艺术造型上更是卓越的杰作。虽然祈年殿在光绪十五年曾被落雷焚毁,次年又照原样重修;皇穹宇一组则是明代最精美的原物,并且是明手法的典型。昌平县天寿山麓的长陵(朱棣墓),以庙宇的组群同陵墓本身的地面建筑物结合,再在陵前布置长达八公里的神道,这一切又与天寿山的自然环境结合为一整体。气魄之大,意匠之高,全国其他建筑组群很少能和它相比的。

明初两京的两次大建设将南北的高手匠工作了两次大规模调配,使南方北方建筑和工艺的特长都得以发挥出来,汇合为一,创造出明代的特殊风格。西南的巨大楠木,大量在北京使用。这样的建筑所反映的正是民族复兴的统一封建大帝国的雄伟气概。

自从朱棣把宦官干涉朝政的恶劣传统培植起来以后,宦官成了明朝二百余年统治权的掌握者。在建筑方面,这事实反映在一切皇家的营建方面。每一座明朝"敕建"的庙宇,都有监修或重修的太监的碑志,不然就在梁下、匾上留名。至于明代宫中八次大火灾(小火灾不计),史家认为是宦官故意放火,以便重建时贪污中饱的。更不用说,宦官为了回避宦官禁置私产的法律规定,多借建庙的名义,修建寺院,附置庭园、"僧舍",作为自己休养享乐之用。如北京的智化寺(王振建)、碧云寺(魏忠贤建),就是其中突出的例子。明末魏忠贤的生祠在全国竟达五六百所,更是宦官政治的具体的物质表现。

明代官匠制度增加了熟练技术工人,大大地促进手工艺技术的水平。明代建筑使用大量楠木和质地优良的砖,工精料美,丝毫不苟。在建筑工程方面,榫卯准确,基础坚实,彩画精美,也是它的特色。琉璃瓦和琉璃面砖到了明朝也得到了极大的发展。太庙内墙前的琉璃花门上细部如陶制彩画额枋就精美无比。除北京许多琉璃牌坊和琉璃花门外,许多地方还出现了琉璃宝塔,其中如南京的报国寺七宝琉璃塔(太平天国战争中毁)和山西赵城广胜寺飞虹塔,都说明了在这方面当时普遍的成就。

在明中叶的初期,由印度传入"金刚宝座式"塔,在一个大塔座上建造五座乃至七座的群塔。北京真觉寺(五塔寺)塔是这类型的最卓越的典型。这个塔型之传入使中国建筑的类型更丰富起来。在清代,这类型又得到一定的发展。

在"党祸"的斗争中退隐的地主官僚和行商致富的大贾,则多在家乡营造家祠或私园以逃避现实世界。明末私家园林得到极大发展,今天江南许多精致幽静的私园,如苏州的拙政园,就是当时林园的卓越一例,也是当时社会情况下的产物。最近在安徽歙县发现许多私家的第宅,厅堂用巨大楠木柱,规模宏大。可见当时商业发展,民间的财富可观。

明中叶以后,一方面由于工艺发展,砖陶窑业取得了极大的进步,一方面由于国内农民起义和东北新兴的满族的军事威胁,许多府县都大量用砖甃砌城堡。这方面最杰出的实例就是北京城和万里长城。这两个城虽然各在不同的地方和不同的地形上建造起来,但都以它们雄健简朴的庞大躯体各自表现了卓越的艺术效果。

明代砖陶业之进步所产生的另一类型就是砖造发券的殿堂,如各地的"无梁殿",乃至北京的大明门(今中华门)一类的砖券建筑就是其中的实例。这些建筑一般都用砖石琉璃做出木结构的样式。

明朝末年,随同欧洲资本家之寻找东方市场,西洋传教士到了中国,带来了西洋的自然科学,各种艺术和建筑,这对于后来的中国建筑也有一定的影响。

满族以一个文化比较落后的民族入主中国。由于他们入关以前已有相当长的期间吸收汉族的先进文化,入关时又大量利用汉奸,战争不太猛烈,许多城市和建筑没有受到过甚的破坏;例如北京这样辉煌的首都和宫殿苑园,就是相当完整地被满族统治者承继了的。故宫之中,主要建筑仅太和殿和武英殿一组受到破坏。清朝初期尚未完全征服全中国,所以像康熙年间重建太和殿,就放弃了官式用料的惯例,不用楠木而改用东北松木建造,在材料的使用上,反映了当时的军事政治局势,南方产木区还在不断反抗。

满清统治者承继了明朝统治者的全部财产,包括统治和压迫人民的整套"文物制度"。为了适应当时情况,在康熙、雍正、乾隆三朝进行了各种制度和法律之制订。在这些制度之中也包括了《工部工程做法则例》七十二卷。这虽是一部约束性的书,将清代的官造建筑在制度和样式上固定下来,但是它对于今天清代建筑的研究却是一部可贵的技术书。这书对于当时的匠师虽然有极大的约束性,但掌握在劳动人民手中的建筑技术和艺术的创造性是封建制度所约束不住的。在"工程做法"的限制下,劳动人民仍然取得无穷辉煌的变化。

史家认为满清皇朝闭关自守是封建经济停滞时代,一般地说,这也在建筑上反映出来。但在这整个停滞的时代里,它仍有它一定限度内经济比较发展的高峰和低潮。清朝建筑的高峰和一定的创造性主要表现在乾隆时代,那是满清二百六十余年间的"太平盛世"。弘历几度南巡,带来江南风格;大举营建圆明园,热河行宫,修清漪园颐和园,在故宫内增建宁寿宫(乾隆花园),给许多艺匠名师以创造的机会。各园都有工艺精绝的建筑细部。尤其值得注意的是这时代的宫廷大量吸收了江南的民间建筑风格来建造园苑。乾隆以后,清代的建筑就比较消沉下来。即使如清末重修颐和园,也只是高潮以后一个波浪而已。

鸦片战争开始了中国的半殖民地化时代,赓续了一百零九年。在这一个世纪中,中国的经济完全依附于帝国主义资本主义,中国社会中产生了官僚资本家和买办阶级。帝国主义的外国资本家把欧洲资本主义城市的阶级对立和自由主义的混乱状态移植到中国城市中来;中国的官僚买办则大盖"洋房",以表达他们的崇洋思想,更助长了这混乱状态。侵略者是无视被侵略者的民族和文化的,中国建筑和它的传统受到了鄙视和摧残。中国知识分子建筑师之出现,在初期更助长了这趋势。"五四"以后很短的一个时期曾做过恢复中国传统和新的工程技术相结合的尝试,但在殖民地性质的反动政府的破碎支离的统治下和经济基础上没有得到,也不可能得到发展;反倒是宣传帝国主义的世界主义的各种建筑理论和流派逐渐盛行起来。以"革命"姿态出现于欧洲的这个反动的艺术理论猖狂地攻击欧洲古典建筑传统,在美国繁殖起来,迷惑了许许多多欧美建筑师,以"符合现代要求"为名,到处建造光秃秃的玻璃方盒子式建筑。中国的建筑界也曾堕入这个漩涡中。

　　中国历史中这一个波动剧烈的世纪,也反映在我们的建筑上。

　　总的说来,这个时期的洋房、玻璃方盒子似乎给我们带来新的工程技术,有许多房子是可以满足一定的物质需要的。但是,建筑是一个社会生活中最高度综合性的艺术。作为能满足物质和精神双重要求的建筑物来衡量这些洋式和半洋式建筑,它们是没有艺术上价值的,而且应受到批判。无可讳言的,这一百年中蔑视祖国传统,割断历史,硬搬进来的西洋各国资本主义国家的建筑形式对于祖国建筑是摧残而不是发展。历史上封建的建筑物虽已不能适应我们今天生活的新要求,但它们的优良传统,艺术造型上的成就却仍是我们新创造的最可宝贵的源泉。而殖民地建筑在精神上则起过摧毁民族自信心的作用,阻碍了我们自己建筑的发展;在物质上曾是破坏摧毁我们可珍贵的建筑遗产的凶猛势力。它们仅有的一点实用性,在面向今天社会主义的生活,也已经很不够了。

结　论

回顾我们几千年来建筑的发展,我们看见了每一个大阶段在不同的政治、经济条件下,在新的技术、材料的进步和发明的条件下,历代的匠师都不断地有所发明,有所创造。肯定的是:各代的匠师都能运用自己的传统,加以革新,创造新的类型,来解决生活和思想意识中所提出的不相同的新问题。由于这种新的创造,每代都推动着中国的建筑不断地向前发展,取得光辉的成就。每当新的技术、新的材料出现时,古代匠师们也都能灵活自如地掌握这些新的技术和材料,使他们服从于艺术造型的要求,创造出革新的而又是从传统上发展出来的手法和风格。在这一点上,建筑历史上卓越的实例是值得我们学习的。

中国建筑的新阶段已经开始了。新的社会给新中国的建筑师提出了崭新的任务。我们新中国的建筑是为生产服务,为劳动人民服务的。建筑必须满足人民不断增长的物质和文化的需要。劳动人民得到了适用,愉快而合乎卫生的工作和居住、游息的环境,就可提高生产的量和质,就可帮助国家的社会主义改造。我们还要求新中国的建筑,作为一种艺术,必须发挥鼓舞人民前进的作用。建筑已成为全民的任务,成为国家总路线的执行中的必要工具了。

过去的匠师在当时的社会、材料、技术的局限性下尚且能为自己时代社会的需要,灵活地运用遗产,解决各式各样的问题。今天的中国所给予建筑师的条件是远远超过过去任何一个时代的。我们有中国共产党和中央人民政府的英明正确的领导,有全国人民的支持,有马克思列宁主义、毛泽东思想的思想武器,有苏联社会主义建设的先进范本,有最现代化的技术科学和材料,有无比丰富的遗产和传统。在这样优越的条件下,我们有信心创造出超越过去任何时代的建筑。

作者校对后记

在编纂建筑史的学习过程中,我们不断地发现我们对伟大祖国建筑艺术遗产的研究还有待提高;由于受到理论水平的限制,距全面的正确的认识总还有一段距离。例如对于我们所掌握的各历史时期的资料,还不能做出很好的分析,从科学的观点指出各时代劳动人民在创造上的成就。有时因为对当时的社会思想意识与它的物质基础之间的关系,认识也比较模糊,没有能更好地举出反映当时的社会内容的典型性建筑物的艺术形象和它们的特征,更深刻地指出它们在祖国建筑发展中有积极进步的意义方面和相反的只有消极保守,局限了创造和发明的方面等等。此稿付印以后,我们在继续学习中,经过多次讨论,觉得这稿子应加以提高的地方很多。但是已在排印中,已不可能做大量修改,只好在下一篇"中国建筑各时代实物举例"一文的分析中来弥补或纠正本文中没有足够认识的和不明确的地方。

我们这篇稿子是不成熟的,希望读者——特别是建筑师们和史学家们——帮助我们,指出我们的错误,予以纠正。

1954 年 12 月 8 日

中国古代建筑史绪论[①]

　　中国位于亚洲大陆东南部,面积约 960 万平方公里,是一个土地广阔,资源丰富,多民族,人口众多,历史悠久,具有丰富文化传统的国家。中国有约两千年的有文字记载的历史;而中国建筑的历史发展过程,要比史书记录的年代更古远得多了。中国的建筑,如同中华民族和中国文化的其他方面一样,一脉相承,从来没有间断地发展着。

　　中国土地广阔,自然条件有着巨大的差别。从地形上来看,总的是山地多,平原少;西部有世界最高的西藏高原和世界最低的新疆吐鲁番盆地;有峭壁深谷构成的横断山脉,有千里无涯的华北平原和蒙古高原;西北地区有圹无人烟的沙漠,东南一带又多河流如织的水乡;西南和东北有密茂的森林和广阔的草原,华北一带是黄土平原。由西向东三条河流——黄河、扬子江、珠江——润育着这辽阔的土地。

　　从气候方面来看,从中国海到蒙古和西伯利亚的边境,南北将近四千公里,包括亚热带、温带和亚寒带。东南方多雨,西北和北方干旱。内陆高原地区一年之内,甚至一日之内,寒暑剧变,而沿海地区则温差较小。新疆、内蒙古沙漠地区和华北黄土平原地区,受到每年春

---

　　① 　此文为《中国古代建筑史》第六稿的绪论,写于 1964 年 7 月。

季季节风的影响,东南沿海各省又须提防夏秋来袭的台风。显然,不同地区的建筑,都必须适应当地特有的气候情况。

从中国传统沿用的"土木之功"这一词句作为一切建造工程的概括名称可以看出,土和木是中国建筑自古以来采用的主要材料。这是由于中国文化的发祥地黄河流域,在古代有密茂的森林,有取之不尽的木材,而黄土的本质又是适宜于用多种方法(包括经过挖掘的天然土质的洞穴、晒坯、版筑以及后来烧制成的砖、瓦等)建造房屋。这两种材料之掺和运用对于中国建筑在材料、技术、形式等等传统之形成是有重要影响的。至于山区,各种石料被广泛采用。西南的贵州省很多用石柱石板建造的房屋。在森林山区,如古代在甘肃或陕西一带,《诗经》里就说当时的西戎"在其板屋";今天云南西部,民居多采用井干式结构;长江以南,竹木房屋很多。由于广大地区自然条件和就地取得的材料之不同,就使得中国建筑在一个总的、统一的民族性之下又派生出丰富多彩的地方性。

古生物学者和考古学者的发掘和发现给我们揭示了中华民族的起源。北京周口店著名的"北京猿人"的遗址说明五十万年前,我们的远祖已经在这地区居住。学者们肯定了周口店十万年前的山顶洞人和广西柳江的"柳江人",四川资阳的"资阳人",广西来宾的"麒麟山人"都已属于原始蒙古人种类型或已具有原始蒙古人种的特征。后三者都可能是旧石器时代晚期初叶的人类。

近年来,全国各地发现的旧石器时代遗址已有二百处以上,而新石器时代遗址则在三千处以上。在发掘工作比较多的黄河流域、仰韶、龙山等文化典型遗址已经揭示了中国母系氏族公社发展期和父系氏族公社时期的基本面貌。至于发掘还不很多的长江流域、东南沿海以及东北、西北、西南等地区原始文化的面貌和分布情况也已有了不同程度的认识。这些都是今天的中华民族的远祖和中国文化孕育形成时代的遗址，其中包括例如西安半坡村的仰韶文化时期（公元前3000年前后?）的房屋和聚落遗址。而后几千年光辉灿烂的中国文化，包括中国建筑在内，作为它的一个重要的组成部分，就是从这些谦逊、质朴而茁壮的萌芽发扬壮大而成长起来的。这一切有力地说明了中国历史发展的悠久的连续性。

按照中国史籍中的古代传说，夏代（公元前2207? —公元前1766?）以前是没有阶级没有剥削的社会。夏朝的创造者禹以后则是财产私有王位世袭的阶级社会。夏代正处于我国历史上由原始公社逐渐进入阶级社会的阶段。历史传说当时中国遭受空前的大水灾，禹"卑宫室，致费于沟减"。这启示当时的建筑和治水工程，可能已达到一定的水平。考古学者们认为，河南省的许多龙山文化遗址和郑州、浴达庙类型的文化遗址可能就与夏朝的年代相当。河南、陕西的若干龙山文化遗址中曾发现了当时的房屋和聚落的遗址。这些房屋，在布局、材料、结构方面都是很原始的，和仰韶文化的原始建筑基本上没有重大的区别。显然，这些遗址并不代表当时最高的建筑水平。

中国的奴隶社会，到商朝（公元前1765? 年建立—公元前1401? 年改称殷，公元前1122年灭亡）无疑地已经确立了，一直到周朝（公元前1121—公元前249）的"春秋"时期（公元前722—公元前482），也就是孔夫子的时期，奴隶社会才逐渐瓦解，开始进入封建社会。青铜器之使用和新的生产关系使得商殷时代的农业生产水平较之以前任何时期都有着显著的提高，从而促使手工业脱离农业而独立，并且促使技艺水平迅速提高。虽然当时青铜还是贵重金属，在农业生产中占主要地位的仍然是那些比较原始的，像马克思所说，在强使奴隶进行劳动的情况下必然使用的"……最粗糙最笨重，并且就因为笨重，所以不易损坏的工具——石制农具"，但在手工业技艺的生产，包括建造房屋这样的工艺性工作中，青铜工具之使用却起着巨大的作用。因此虽然商代早期居住遗址还是和仰韶、龙山文化的居住遗址基本上相同；但到了殷末，当青铜器已大量铸造的时代，建筑的规模和水平，如殷墟所见的宫殿和墓葬遗址所显示，都有了极大的发展，并且青铜也已用做建筑材料，如殷墟宫殿的柱础即是一例。我们还可以从殷墟宫殿遗址台基上行列整齐的柱础和烬余的木柱脚得出结论，中国后代典型木柱梁框架结构系统到了殷代已经基本形成了。

由于生产力的发展和阶级矛盾日益尖锐，都市及有关的防御设施也逐渐形成、发展起来。安阳围绕宫殿遗址的一段壕沟和郑州的一段夯土墙（有人认为是城墙）等，就是一些例证。

从这时代起，奴隶制度国家的政治、经济日益发展，各种手工业和建筑技术不断提高。社会阶级和等级的差别逐渐固定成制度，宫殿、住宅乃至城邑的大小制度也不例外。春秋时期，有些贵族的建筑在规模上或者装饰、色彩上逾越等级，就受到孔子的谴责。这说明在从殷到春秋的十个世纪中，建筑不但在工程、材料、结构上有了很大的提高，而且它的艺术性已越来越显著了。

这时期的文献中，出现了"中国"和"四夷"之类的名词。上面提到《诗经》中"在其板屋"的西戎就是一例。这说明到了周朝，在中华民族的形成的漫长的历史岁月中，汉民族的主干地位已经确立。在尔后的三千年中，汉族和它的外围各民族，经过不断的接触、斗争、交流、融合，逐渐成长成为今天的汉族。中国的建筑，作为中国文化的一个重要组成部分,很自然地,主要的也是汉民族的建筑。但同时也必须明确,在它的整个历史发展过程中,整个中国文化,包括中国建筑在内,也是在不断吸收各民族的以及外国的影响而形成的。同时,汉民族的文化和建筑也不断地影响外围各民族乃至邻国。这种相互影响,一直到今天也没有间断过。

周朝末年的战国时期(公元前403—公元前249),中国开始进入封建社会。这一个半世纪的期间是中国历史发展过程中的一个重要转折点;社会、政治、经济、文化都发生了巨大变化。公元前594年鲁国"初税亩"的史实标志着封建制度之开始。一千年的奴隶制到这时期已经崩溃瓦解。铁器之使用为生产力带来巨大发展。周初数以百计的小封邦,经过七百年的兼并,到战国时期已成为七国。又经过一个半世纪的不断的战争,终于在公元前221年,由秦始皇完成了统一中国的大业,在中国历史上出现了第一个中央集权的统一大帝国,成为以后一直到1911年的2132年间(虽然其间曾经出现过若干次比较短期的分裂的局面)的国家机构的组织形式。

春秋、战国时期,亦即中国由奴隶社会转入封建社会的时期,出现了一个中国文化空前活跃的时代;出现了大量的思想家,形成许多学派,许多著作一直流传到今天。老子、孔子、墨子、庄子、孟子等,都是这时期最杰出的思想家。相应地在技术、艺术方面也空前繁荣。思想家们往往爱用工程技术方面的比喻来阐明他们的政治、哲学理论。中国最古的数学书《周髀算经》也是这时期的产物。墨子就有许多有关数学,物理以及军事工程的论述。这时期的巧匠鲁班、王尔已成为著名人物。一直到最近,鲁班还被中国的工匠们奉为匠作之神。

由于兼并而形成的大国,比起过去零散的小封邦在政治上、经济上以及技术力量上,都雄厚得多了。七国都在自己的首都营建宫殿。春秋时期开始形成的一些城市,到了战国时期获得了很大的发展。例如齐国(今山东省)的临淄,人口就有七万户(约三四十万人),街道上"肩摩毂击"。类似的城市不在少数。显然,各国的建筑已形成了不同的形式和风格,因此秦始皇每灭一国,就"写仿其宫室,作之咸阳北阪上"。

统一的大帝国为建筑的发展创造了空前的有利条件。首都咸阳不但建造了规模空前,辉煌华丽的宫殿,而且在咸阳二百里之内,修建二百七十处离宫别馆。从规划构图的角度上,"表南山之巅以为阙",利用数十公里外的天然地形组织到构图中来。这样"超尺度"的构图观点正是这个伟大帝国的气魄的反映。战国时代各国所筑的长城,在北方边境的各段也在统一后连续起来了。

秦帝国的寿命并不长。秦始皇死后,立刻爆发了中国历史上的第一次农民革命,推翻了秦皇朝。公元前206年建立汉朝,前后持续了四百余年。公元220年,中国又分裂成三国(历史上称"三国时代"),至公元265年重新统一。

汉朝是中国封建文化的第一个高潮时期。新兴的封建制度已经确立,持续了几百年的战争已经结束,强大的中央政权已经建立,经济、文化得到巨大的发展。汉朝的军事力量也日益强大,遏止了北方的匈奴的南侵,开拓了通向中亚细亚的交通线,促进了东西贸易和文化的交流。这一切都为建筑的发展创造了极有利的条件。

根据史籍和考古学家发掘的遗址证明,汉的首都长安和皇宫都是规模巨大,庄严华丽的。虽然留存到今天的实物仅有少数的石室、石阙和大量的崖墓、砖墓,已经可以看到汉代建筑所达到的水平。通过这些砖石建筑还精确地反映了当时木结构的形式和石刻的高度水平，以及当时在制砖的工艺上和产量上的巨大提高和发展。从一些墓葬中的壁画和出土的铜器、玉器、陶器、漆器、陶甬、明器等还可以看到当时工艺、绘画、雕塑的高超成就。

从历史发展的过程来看，汉朝是一个经济、文化的高潮，秦朝正是它的"序曲"，而三国是它的"尾声"。今天中国的骨干民族——汉族——的名称，就是从这个朝代而得名的。

公元265年建立的晋朝只暂时统一了中国。统治阶级内部矛盾和西北游牧民族的入侵以及各地的农民起义使得中国又一次陷入战乱分裂的状态。鲜卑族在北方建立了强大的魏朝，迫使汉族统治者于公元318年，退到长江以南，形成南北对峙的局面，一直到公元581年才重新统一为隋朝。

这是一个充满了阶级矛盾和民族矛盾，生产力受到严重破坏的时期；但也是汉民族经过与外围民族三个世纪的接触中，吸收了新血液而进一步融合的时期。从公元304—439年之间，除汉族外，五个外围民族先后在中国建立了十六个国家。其中唯有鲜卑族在北方建立了长期的巩固的政权——魏朝。在那动荡的岁月里，人民的生活是痛苦的甚至那些统治者自身的生命也没有保障。今天的胜利者明天就可能成为俘虏、奴隶。人们只能把幸福的幻想寄托在另一个世界。因此，在汉朝由印度传入中国的佛教到了第四世纪得到广泛的传播。统治阶级也发现它是一件麻痹人民斗争意志，巩固统治政权的有效政治工具，予以大力提倡。

在那样的政治、社会、经济情况下，佛教之传播对于中国建筑带来了巨大影响。中国原有的建筑体系已经成熟了。当时的匠师为了满足佛教的需要,就运用传统的结构和布局的方法,创造了许多宏伟庄严的寺塔。这些新的类型大大地丰富了中国古代的城市面貌和生活。原来城市里只有宫殿衙署和贵族府第之类的大型高质建筑,仅供统治阶级享受使用,现在却增加了许多巍峨的佛殿和高耸的佛塔,而且对广大人民是开放的。佛教建筑还带动了雕塑、绘画的发展。历史记载南朝的首都建康(今南京)有"四百八十寺",北魏首都洛阳有一千多个佛寺,其中永宁寺木塔高达"一千尺"。许多著名的雕塑家和画家都在佛寺里塑造了佛像,画了壁画。许多西方的装饰花纹也用到传统的中国建筑上来。这一切说明当时佛教对于中国人民的生活、文化、艺术和建筑的影响是巨大的。这时期遗留下来的实物主要是从新疆一直到山东半岛上无数的石窟寺,一些墓葬和极少数的砖石塔。

尽管南北朝留存下来的实物(除石窟寺外)很少,但是从文献记载中可以看到木结构已达到极高水平,从中国现存最古的砖塔——公元520年建,高约四十米的嵩岳寺塔以及南京附近的一些陵墓可以看到当时砖的生产有了巨大发展,技术和艺术方面都达到很高的水平,石刻方面的艺术水平更为中国美术史中写下辉煌的一章。从这些遗物也可以看出,尽管佛教的教义给中国人民的精神生活方面带来很大影响,但是中国的建筑(在结构上和形式上)、绘画、雕刻(主要是佛像)基本上还是沿着古来的传统形式和手法向前发展。这一点在建筑上尤为明显。

公元581年建立的隋朝重新统一了中国。三个半世纪的分裂战乱的局面结束了。比较安定的政治统一局面和土地的重新分配带来了经济繁荣。隋朝选择了长安作为它的首都,并在汉长安故址之东规划了新城——大兴城,修建了规模不大的宫殿;此外还开凿了由长江通到淮河、黄河的大运河。但是三十七年之后,在公元618年,隋皇朝就为唐朝所代替。中国历史上辉煌灿烂的一个朝代开始了。

新的政权除了分配土地,恢复农业生产外,官办手工业和民间手工业都有巨大发展,质量更加提高。地方行业组织促进了国内和国外贸易。许多内陆和沿海城市空前繁荣起来。国际贸易和文化交流丰富了中国的物质和精神生活。到印度研究佛教教义的高僧玄奘就是这时期的人。著名诗人李白、杜甫,画家吴道子、雕刻家杨惠之等也都是这时代的人。唐朝是中国封建社会经济、文化突出发展的时期。唐代的中国也是当时世界上最强大,经济、文化最发达的国家。

作为政治、经济、文化的综合的反映,唐代的建筑也出现了突出的高峰,在隋大兴城的基础上,当时世界上最大的、规划最完善的都城——长安,建造起来了。近年来对于城墙和宫殿遗址的发掘证明了文献中所记载的宏伟规模和富丽的建筑。这时期遗留下来大量石窟寺,为数不少的砖塔,许多陵墓以及少数的木构殿堂和石桥都说明无论在技术或艺术方面都已达到完全成熟的阶段。

第八世纪中叶以后由于中央政权的腐化削弱,被剥削压迫的农民不断起义和地方掌握军权的官吏的叛乱,这个伟大的朝代走上了没落、瓦解、崩溃的道路,终于在公元906年灭亡。在尔后短短的半个世纪中,中国又陷入"五代十国"的分裂状态,直至公元960年,由于宋朝的建立而重新统一。

历史仿佛重演了一遍。战国为秦的统一打下基础,暂短的秦朝成了辉煌的汉朝的序曲,而三国是它的尾声。同样地,南北朝为隋的统一打下基础,暂短的隋朝成了伟大的唐朝的序曲,而以五代作为尾声而结束。假使说汉是中国封建文化的青春时期,那么,唐就是它全盛的壮年时期了。

宋朝从建国之初就受到北方日益强大起来的契丹族的威胁。契丹族建立的辽朝，占有东北，内蒙古以及黄河以北的一部分土地；羌族的西夏也占据了内蒙古西部地区，和宋朝形成一百多年对峙的局势。后起的女真族的金朝在公元 1125 年灭了辽朝，把汉族的宋朝赶到扬子江以南，历史上称之为南宋。中国再度出现了南北对峙的形势。公元 1234 年和 1279 年蒙古人先后灭了西夏、金和南宋。中国在蒙古族元朝的统治下重新统一了。

北宋、南宋前后三百余年的期间是中国历史上又一个民族矛盾十分尖锐的时期。北宋时期，对峙的局势比较稳定。唐中叶以后发展起来的商业有了很大发展，促进了城市繁荣。五代末期，汴梁——后来宋的首都——已经成为一个重要的商业城。沿海一些城市也由于对外贸易而兴盛起来。手工业的分工越来越细致。矿冶业占着重要地位。火药和活版印刷也是这时期的发明创造。千余年来在城市之内又用高墙封闭的住宅坊里以及贸易必须在集中的市场进行的制度被打破了。分散的商店冲破了坊里的围墙，沿街开设起来；茶楼、酒店、旅馆、剧院也出现了。城市生活活跃丰富起来，这就为宋朝的城市带来了崭新的面貌。

在百余年比较稳定的政治局面以及日趋繁荣的经济条件下，民间建筑出现了上述的新类型，统治阶级更加建其宫殿、苑囿、府第、庙宇。这些建筑之中，唯有佛寺、道观还有留存到今天的，除了个别殿堂和佛塔外，还有若干相当完整的组群。这时期的政治形势也反映在建筑上：北方辽朝统治地区的建筑更多地保留了唐代淳朴雄厚的风格；而南方宋朝统治地区的建筑则开始向轻巧华丽的方向发展。从这时期的遗物中,我们开始看出明显的地方风格。

从殷墟遗址中已经显示出来的木梁柱框架结构的建筑体系,到了唐代无疑地已经采用了标准化、定型化的设计施工方法。但是到了宋朝才给后世留下一部有关这方面的工程技术专著。北宋末叶(1103年)出版的《营造法式》是当时的皇室建筑师李诫编修的一部国家建筑规范。从这部书里可以看到当时已采用了模数制,按照封建制度的等级订定建筑等级,材料、施工都有定额;尤其是以引起后世钦佩的是从整座房屋到每一构件的详细规定和做法都是将整体和个别构件的材料、结构、美观等因素综合考虑制订的。《营造法式》是中国古代有关建筑的最重要的一部专著。

蒙古人建立的元朝虽以征服者的姿态统治了全中国的汉族和其他民族约一个世纪,但是各族人民在共同反抗阶级压迫和共同劳动的斗争中,进一步相互融合,政治、经济、文化上的关系更加密切了。边疆地区的落后经济得到了开发和提高。元代初年,战后的农业生产得到恢复。社会经济开始恢复繁荣。对外贸易和商业的发展,使南方许多城市保持了南宋以来的繁荣。泉州是当时的主要海港。

蒙古族的统治者充分地利用了宗教作为巩固他们的政权的政治工具。佛教、道教、伊斯兰教、基督教等都得到了统治者的保护和提倡。其中佛教和喇嘛教(佛教中的一个宗派)在元代占有特殊地位。西藏地区政教合一的统治正是在元朝统治下建立起来的。喇嘛寺庙因而也有了普遍的修建。西藏式的瓶形塔也是蒙古人从西藏介绍到中原地区的。元朝的统治者利用从中亚和中原地区俘虏的各族有技艺的工匠(事实上是工奴)兴办了各种官办手工业,使中国的工艺美术增加了许多外来因素。但元朝的建筑主要是由汉族工匠,继承宋、金的传统建造的。

元朝对中国建筑的最重要的贡献是大都城——今北京城的前身的——规划和建造。如同隋唐的长安一样，大都在它自己的时代，是世界上规模最大，规划最完善的城市，它就是马可·波罗以无限敬佩的心情所记述的Xanbaluc。它在很大程度上体现了《考工记》中所描绘的"王者之都"的理想。后来明清两朝的北京以及今天中华人民共和国的首都，就是在它的基础上改建、扩建的。

元朝修建的佛寺、佛塔、道观留存到今天的为数不少，由于蒙古族是一个游牧民族，原来没有固定的建筑，所以在他们的统治下，中国建筑还是沿着汉族几千年的传统发展。在许多寺、观中还保存了不少壁画和塑像。它们和倪瓒、黄公望、赵孟頫等人的绘画和关汉卿等的剧本、小说具体地说明，即使在当时那样种族歧视的外族统治下，中国传统文化仍以它的旺盛的生命力向前发展着。

汉族农民的起义驱逐了蒙古统治者，于1368年建立了明朝。由于新兴的统治阶级出身于农民的汉族，民族尊严的重新建立和阶级矛盾有所缓和，都有力地推动了生产发展。明朝的统治者先建都于南京，十五世纪初迁都北京。迁都以后，社会经济就进入一个全面发展时期。商业和手工业的发达以及人口的增加，促进了城市建筑的发展与建筑技艺的提高。砖、琉璃、玻璃等烧制工业有了很大发展。元代完成的南北大运河第一次使得有可能由遥远的四川、西康等地将高贵的木材——例如楠木之类，运来供应北京建筑的需要。在蒙古统治奴役下的工奴获得了解放，他们的创造性得到发挥。南京、北京的先后建设，促使大批工匠的南北调动和经验交流。这一切都为明代建筑之发展创造了有利条件。今天的北京城和它的故宫（其中还有相当部分的明代原建筑），以及各地许多府第、庙宇、民居为后世留下许多明代建筑的优秀范例。

十六世纪初叶以后，统治阶级的日益腐朽和系派的争权夺利，已使明的统治岌岌可危。同时，东北兴起的满族日益强大。农民起义推翻了明朝的统治，但革命果实却落入乘虚而入的满族统治者手中。1644年，胜利的满族人建立了中国历史上最后一个封建皇朝——清朝。

明朝建立的时代正是欧洲资本主义开始的时代。当北京的皇宫建成的时候，Brunelleschi正在开始兴建佛罗伦萨大教堂的穹隆顶。资本主义发展的影响到中国来了。葡萄牙人于1535年在澳门建立了在中国领土上的第一块外国殖民地。欧洲的自然科学以及欧洲的建筑也开始输入到中国来了。当然，建筑的影响，是需要更多的接触和很长的时间才能发生的。

清朝的统治持续了267年，于1911年为中国的第一个资产阶级民主革命所推翻。这是一个变化剧烈的朝代。

在和俄国的彼得大帝约略同时的康熙皇帝的统治下，中国今天的版图大致开拓奠定了。从黑龙江，蒙古一直到海南岛，从帕米尔高原、喜马拉雅山，一直到太平洋岸，于中居住着汉、满、蒙、藏、维吾尔等五十多个民族，都已统一到大清帝国里来了。

和元朝蒙古族的统治者不同，清朝的满洲族统治者对于各民族采取了比较平等待遇的政策。在继承了中国亦即汉族传统的国家机构的组织形式和制度下，各族人民基本上都享有参加国家考试从而在政府中担任任何官职的权利，各民族都被允许保持他们自己的文字和风俗习惯，满族统治者取得了各民族统治阶级的合作和支持，使帝国的统一完整始终保持下来,为经济、文化、科学、艺术、技术的发展创造了良好条件。尽管如此,总的说来,统治民族和被统治民族之间,统治阶级和被统治阶级之间毕竟存在着根本的不可调和的矛盾。18 世纪中叶以后,各地各族农牧民的起义此起彼伏,到 19 世纪中叶中英鸦片战争以后,不久就爆发了声势浩大的太平天国革命。仅仅是由于英、美帝国主义的干涉,才使这个朝代免于倾覆。1840 年以后,中国便转入了半封建半殖民地时代。本篇的叙述也到此为下限。

在以后的七十年间,帝国主义国家竟向中国侵略,各地不断爆发反帝反封建的起义,终于在 1911 年,资产阶级民主革命爆发,结束了中国历史上的最后一个封建皇朝。

清朝的统治者除了在血统上是满族外,在生活习惯和文化方面(除了服装之外),事实上已完全和汉族一样。清朝的政府机构和国家考试制度等,基本上还是明朝的继续。相应地,在建筑的发展过程中,明清两朝也基本上是一样,没有显著的差别。

在这五百余年间,手工业和商业得到不断地发展。丝织业,烧瓷业等都达到极高的水平。资本主义的萌芽已经露头。到了 18 世纪甚至出现了盐商分区包办全国食盐的供销,包纳盐税的垄断资本集团并且形成政治势力。16 世纪以后开始的远洋国际贸易促进了澳门、广州、宁波、上海等沿海城市的繁荣。随着欧洲商人东来的传教士——最初是耶稣会士——也带来了欧洲的宗教和科学、技术。这一切都在默默地影响着中国古老的封建制度和经济、文化。在建筑方面,虽然在 18 世纪的圆明园中首次出现由郎世宁 Castilignone、王致和 Attiret 等设计,专供皇帝玩赏的巴洛克式 Baroque 组群。但是欧洲建筑以它的完全陌生的结构技术和新奇的形式对于中国城市面貌的冲击,还是

1840 年以后的事。

这五百余年间留存下来的建筑类型比过去更多了，留存下的实物更是遍及全国各地。明清两朝留下来许多完整的城市、宫殿、府第、住宅、陵墓、庙宇、园林、商店、作坊、桥梁等等。

明清的建筑，特别是在城市的规划，组群的布局，木梁柱框架的结构体系方面，是几千年传统的继续和发展。城市的规划，特别是首都北京的规划和皇宫的总体布局，都显示了中华民族和封建帝国的雄伟气概。但是在木构架的结构方面，若干过去曾经起着巨大作用的结构，例如斗拱之运用，有了明显的退化，几乎沦为纯粹的装饰；但这也正是当时工匠们明确要求框架的进一步简化的合理的发展。这类的变化就必然影响到建筑物的形象，和宋朝以前的建筑有着明显的区别。

尽管木构架结构是中国建筑主要的并且是它所最独特的结构方法，但是砖石建筑也在这期间获得巨大发展。16 世纪以后建造的许多砖拱殿堂以及遍布山西、陕西一带的砖拱民居，和过去砖只用于佛塔、陵墓等纪念性建筑的情况相比，不但反映了砖的生产的巨大发展，同时也反映了用砖技术的提高。

虽然从历史文献中我们知道造园的艺术到汉朝就已很发达，但是元朝、宋朝，更不用说以前的朝代，都没有给后世留下任何实例。但是明清两朝留下的园林，从皇帝的苑囿到私人的小园都不少。如同中国的建筑一样，中国园林也是自成一个独特的体系的，观赏性的小型建筑在中国园林中占有重要位置。中国园林和中国山水画有着不可分割的联系。我们甚至可以说：中国园林就是一幅幅立体的中国山水画。这就是中国园林最基本的特点。园林艺术是中国文化遗产中的一颗明珠。18世纪以后,它对欧洲的园林设计曾产生了一定的影响。

1840年以后,中国的社会发生了根本性的变化。它的政治、经济、文化、科学、艺术都受到来自西方的猛烈冲击,建筑当然也不能除外。这一切我们将在《中国近代建筑》篇中叙述。

上述已经阐明,中国建筑是从中国文化萌芽时代起就一脉相承,从来没有间断过地发展到今天的。从发展的过程上说,必然先有个体房屋,然后有组群,然后有城市;必然从所掌握的建筑材料,先满足适用的要求,然后才考虑满足观感上的要求;必然先解决结构上的问题,然后才解决装饰加工的问题。从殷墟宫殿遗址,作为后世中国建筑体系的基本特征的最早的"胚胎"时代的例证开始,在约三千五百年的发展过程中,这些特征就一个个,一步步地形成、成长,并在不断地实践中丰富发展起来了。在这漫长的但一脉相承,持续不断的发展过程中,中国的传统建筑形成了以下一些最突出的特征。

一、框架结构 在个体房屋的结构方面,采用木柱木梁构成的框架结构,承托上部一切荷载。无论内墙外墙,都不承担结构荷载的。"墙倒房不塌"这句古老的谚语最概括地指出了中国传统结构体系的最主要的特征。这种框架结构,如同现代的框架结构一样,必然在平面上形成棋盘形的结构网;在网格线上,亦即在柱与柱之间,可以按需要安砌(或不安砌)墙壁或门窗。这就赋予建筑物以极大的灵活性,可以做成四面通风,有顶无墙的凉亭,也可以做成密封的仓库。不同位置的墙壁可以做成不同的厚度。因此,运用这种结构就可以使房屋在从亚热带到亚寒带的不同气候下满足生活和生产所提出的千变万化的功能要求。

上面的荷载,无论是楼板或屋顶,都通过由立柱承托的横梁转递到立柱上。如果是屋顶，就在梁上重叠若干层逐层长度递减的小梁，各层梁端安置檩条，檩上再安椽子，以构成屋面的斜坡，如果是多层房屋，就将同样的框架层层叠垒上去。可能到了宋朝以后，才开始用高贯两三层的长柱修建多层房屋。

一般的房屋，从简朴的民居到巍峨的殿堂，都把这框架立在台基上。台基有高有低，有单层有多层，按房屋在功能上和观感上的要求而定。

台基，按柱高形成的屋身和上面的屋顶往往是中国传统建筑构成的三个主要部分。

当然这些都是一般的特征。必须指出，与框架结构同时发展的也有用砖石墙承重的结构，也有砖拱、石拱的结构，在雨量小的地区也有大量平顶房屋，也有由于功能的需要而不做台基的房屋。这是必须同时说明的。

二、斗拱　中国木框架结构中最突出的一点是一般殿堂檐下非常显著的，富有装饰效果的一束束的斗拱。斗拱是中国框架结构体系中减少横梁与立柱交接点上的剪切力的特有的部件，用若干梯形木块——斗和弓形长木块——拱层叠装配而成。斗拱既用于梁头之下以承托梁，也用于檐下将檐挑出。跨度或者出檐的深度越大，则重叠的层数越多。古代的匠师很早就发现了斗拱的装饰效果，因此往往也以层数之多少以表示建筑物的重要性。但是明清以后，由于结构简化，将梁的宽度加大到比柱径还大，而将梁直接放在柱上，因此斗拱的结构作用几乎完全消失，比例上大大地缩小，变成了几乎是纯粹的装饰品。

三、模数　斗拱在中国建筑中的重要还在于自古以来就以拱的宽度作为建筑设计各构件比例的模数。宋朝的《营造法式》和清朝的《清工部工程做法则例》都是这样规定的,同时还按照房屋的大小和重要性规定八种或九种尺寸的拱,从而定出了分等级的模数制。

四、标准构件和装配式施工 木材框架结构是装配而成的,因此就要求构件的标准化。这又很自然地要求尺寸,比例的模数化。传说金人破了宋的汴梁,就把宫殿拆卸,运到燕京(今天的北京)重新装配起来,成为金的皇宫的一部分。这正是由于这个结构体系的这一特征才有可能的。

五、富有装饰性的屋顶 中国古代的匠师很早就发现了利用屋顶以取得艺术效果的可能性。《诗经》里就有"作庙翼翼"之句。三千年前的诗人就这样歌颂祖庙舒展如翼的屋顶。到了汉朝,后世的五种屋顶——四面坡的庑殿顶,四面、六面、八面坡或圆形的攒尖顶,两面坡但两山墙与屋面齐的硬山顶,两面坡而屋面挑出到山墙之外的悬山顶,以及上半是悬山而下半是四面坡的歇山顶——就已经具备了。可能在南北朝,屋面已经做成弯曲面。檐角也已经翘起,使屋顶呈现轻巧活泼的形象。结构关键的屋脊。脊端都予以强调,加上适当的雕饰。檐口的瓦也得到装饰性的处理。宋代以后,又大量采用琉璃瓦,为屋顶加上颜色和光泽,成为中国建筑最突出的特征之一。

六、色彩 从世界各民族的建筑看来,中国古代的匠师可能是最敢于使用颜色最善于使用颜色的了。这一特征无疑地是和以木材为主要构材的结构体系分不开的。桐油和漆很早就已被采用。战国墓葬中出土的漆器的高超技术艺术水平说明在那时候以前,油漆的使用已有了一定的传统。春秋时期已经有用丹红柱子的祖庙;梁架或者斗拱上已有彩画。历史文献和历代诗歌中描绘或者歌颂灿烂的建筑色彩的更是多不胜数。宋朝和清朝的"规范"里对于油饰、彩画的制度、等极、图案、做法都有所规定。中国古代的匠师早已明确了油漆的保护性能和装饰性的统一的可能性而予以充分发挥。

积累了千余年的经验,到了明朝以后,就已经大致总结成为下列原则:房屋的主体部分,亦即经常可以得到日照的部分,一般用"暖色",尤其爱用朱红色;檐下阴影部分,则用蓝绿相配的"冷色"。这样就更强调了阳光的温暖和阴影的阴凉,形成悦目的对比。朱红色门窗部分和蓝绿色檐下部分往往还加上丝丝的金线和点点的金点,蓝绿之间也间以少数红点,使得彩画图案更加活泼,增强了装饰效果。一些重要的纪念性建筑,如宫殿、坛、庙等,上面再加上黄色、绿色或蓝色的光辉的琉璃瓦,下面再衬托上一层乃至三层的雪白的汉白玉台基和栏杆,尤其是在华北平原秋高气爽,万里无云的蔚蓝天空下,它们的色彩效果是无比动人的。

这样使用强烈对照的原色在很大程度也是自然环境所使然。在平坦广阔的华北黄土平原地区,冬季的自然景色是惨淡严酷的。在那样的自然环境中,这样的色彩就为建筑物带来活泼和生趣。可能由于同一原因,在南方地区,终年青绿,四季开花,建筑物的色彩就比较淡雅,没有必要和大自然争妍斗艳,多用白粉墙和深赭色木梁柱对比,尤其是在炎热的夏天,强烈颜色会使人烦躁,而淡雅的色调却可增加清凉感。

七、庭院式的组群 从古代文献、绘画一直到全国各地存在的实例看来,除了极贫苦的农民住宅外,中国每一所住宅、宫殿、衙署、庙宇等等都是由若干座个体建筑和一些回廊、围墙之类环绕成一个个庭院而组成的。一个庭院不能满足需要时,可以多数庭院组成。一般地多将庭院前后连串起来,通过前院到达后院。这是封建社会"长幼有序,内外有别"的思想意识的产物。越是主要人物或者需要和外界隔绝的人物(如贵族家庭的青年妇女)就住在离外门越远的庭院里。这就形成一院又一院层层深入的空间组织。自古以来就有人讥讽"侯门深似海",但也有宋朝女诗人李清照"庭院深深深几许?"这样意味深长的描绘。这种种对于庭院的概念正说明它是中国建筑中一个突出的特征。

这种庭院一般都是依据一根前后轴线组成的。比较重要的建筑都安置在轴线上,次要房屋在它的前面左右两侧对峙,形成一条次要的横轴线。它们之间再用回廊、围墙之类连接起来,形成正方形或长方形的院子。不同性质的建筑,庭院可作不同的用途。在住宅中,日暖风和的时候,它等于一个"户外起居室"。在手工业作坊里,它就是工作坊。在皇宫里,它是陈列仪仗队摆威风的场所。在寺庙里,如同欧洲教堂前的广场那样,它往往是小商贩摆摊的"市场"。庭院在中国人民生活中的作用是不容忽视的。

这样由庭院组成的组群,在艺术效果上和欧洲建筑有着一些根本的区别。一般的说,一座欧洲建筑,如同欧洲的画一样,是可以一览无遗的;而中国的任何一处建筑,都像一幅中国的手卷画。手卷画必须一段段地逐渐展开看过去,不可能同时全部看到。走进一所中国房屋,也只能从一个庭院走进另一个庭院,必须全部走完才能全部看完。北京的故宫就是这方面最卓越的范例。由天安门进去,每通过一道门,进入另一庭院,由庭院的这一头走到那一头,一院院,一步步景色都在变换。凡是到过北京的人,没有不从中得到深切的感受的。

八、有规划的城市　　从古以来,中国人就喜欢按规划修建城市。

《诗经》里就有一段详细描写殷末周初时,周的一个部落怎样由山上迁移到山下平原,如何规划,如何组织人力,如何建造,建造起来如何美丽的生动的诗章。汉朝人编写的《周礼·考工记》里描写了一个王国首都的理想的规划。隋唐的长安,元的大都,明清的北京,这样大的城市,以及历代无数的中小城市,大多数是按预拟的规划建造的。

从城市结构的基本原则说,每一所住宅或衙署,庙宇等等都是一个个用墙围起来的"小城"。在唐朝以及以前,若干所这样的住宅等等,合成一个"坊",又用墙围起来。"坊"内有十字街道,四面在墙上开门。一个"坊"也是一个中等大小的"城"。若干个"坊"合起来,用棋盘形的干道网隔开,然后用一道高厚的城墙围起来,就是"城市"。当然,在首都的规划中,最重要最大的"坊"就是皇宫。皇宫总是位于城的正中,以皇宫的轴线为城市的轴线,一切街道网和坊的布置都须从属于皇宫。北京就是以一条长达八公里的中轴线为依据而规划、建造的。

宋以后,坊一级的"小城"虽已废除,但是这一基本原则还是指导着所有城市的规划。

当然,在地形不许可的条件下,城市的规划就须更多地服从于自然条件。

九、山水画式的园林　虽然在房屋的周围种植一些树木花草。布置一片水面是人类共同的爱好。但是中国的园林却有它特殊的风格。总的说来,可以归纳为中国山水画式的园林。历代的诗人画家都以祖国的山水为题,尽情歌颂。宋朝以后,山水画就已成为主要题材。这些山水画之中,一般都以自然界的一些现象予以概括、强调甚至夸大,将某些特征突出。中国的传统园林一般都是这种风格的"三度空间的山水画"。因此,中国的园林和大自然的实际有一定的距离,但又是"自然"的,而不像意大利花园那样强加剪裁使之"图案化"的。玲珑小巧的建筑物在中国园林中占有重要位置,巧妙地组织到山水之间,和一般建筑布局相反,园林中绝少采用轴线,而多自由随意的变。曲折深邃是中国人对园林的要求。这一点在长江下游地区的一些私家园林尤为突出。

园林艺术在中国建筑中占有重要位置。它的特征是应该予以特别指出的。

这篇"绪论"概括地介绍了中国的地理、气候、建筑材料和它们对建筑的影响;介绍了中国的民族,民族关系以及汉民族之形成及其在各民族中的地位;叙述了中国社会的发展和各历史阶段中政治、经济、文化的发展和建筑发展的关系;扼要介绍了中国建筑的几个最主要的特征。希望这会有助于读者对以下各章的了解。

1947年梁思成在美国纽约与国际著名建筑师一起讨论联合国大厦设计方案 左四梁思成 左二勒柯布西埃 左五尼迈亚。

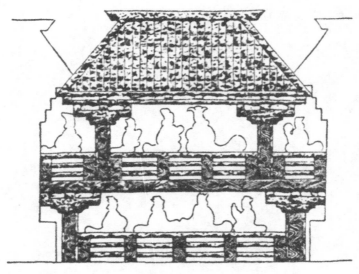

汉代画像中之建筑